CHEMISCHES ZENTRALBLATT

1830 gegründet
1897—1945 von der Deutschen Chemischen Gesellschaft fortgeführt

Herausgegeben im Auftrage
der Deutschen Akademie der Wissenschaften zu Berlin,
der Chemischen Gesellschaft in der DDR,
der Akademie der Wissenschaften zu Göttingen
und der Gesellschaft Deutscher Chemiker
von Prof. Dr. HEINRICH BERTSCH und Prof. Dr. Dr. h. c. WILHELM KLEMM

Chefredakteure
Dr. HELGA VÖLZ und Dr.-Ing. CHRISTIAN WEISKE

ZEITSCHRIFTENLISTE 1966

AKADEMIE-VERLAG GMBH · BERLIN · VERLAG CHEMIE GMBH · WEINHEIM · BERGSTRASSE

V O R W O R T

In der ZEITSCHRIFTENLISTE 1966 des CHEMISCHEN ZENTRALBLATTES sind die Titel der Zeitschriften, Monographien, Fortschrittsberichte usw. aufgeführt, die im Zeitraum vom 1. September 1965 bis 31. August 1966 von den Redaktionen ausgewertet wurden. Die kyrillischen Titel von Zeitschriften werden, wie im Vorwort der Zeitschriftenliste 1965 angekündigt, in transliterierter Form alphabetisch eingeordnet.

Zeitschriften, die im Berichtszeitraum ihre Titel geändert haben, sind sowohl unter dem alten Titel mit einem Hinweis auf die neue, als auch unter dem neuen Titel mit einem Hinweis auf die alte Benennung zu finden.

Neu ist die Angabe der Signiernummer am Ende der Zeile. Die Signiernummer ist eine interne Zeitschriftennummer, die bei Anfragen nach einer Originalarbeit mit angegeben werden sollte, um den Zugriff zur archivierten Zeitschrift zu erleichtern.

Die Wünsche der Benutzer des Chemischen Zentralblattes zur Gestaltung der Zeitschriftenliste nehmen wir gern entgegen.

Berlin, den 31. Oktober 1966

Dr. H e l g a V ö l z

Dr.-Ing. C h r i s t i a n W e i s k e

Herausgeber: Prof. Dr. Heinrich Bertsch, Berlin, und Prof. Dr. Dr. h. c. Wilhelm Klemm, Münster.
Stellvertretende Herausgeber: Prof. Dr.-Ing. Dr. rer. nat. h. c. Eberhard Leibnitz, 104 Berlin, Schiffbauerdamm 19, Fernsprecher: 425571
und Prof. Dr. Bertold Reuter, 1 Berlin 30, Geisbergstraße 39, Fernsprecher: 249541.
Chefredakteure und verantwortlich für den Inhalt: Dr. Helga Völz, 104 Berlin, Schiffbauerdamm 19, Fernsprecher: 425571
und Dr.-Ing. Christian Weiske, 1 Berlin 30, Geisbergstraße 39, Fernsprecher: 249541.
Stellvertretender Chefredakteur: Dr.-Ing. Günter Pötzscher, 1 Berlin 30, Geisbergstraße 39, Fernsprecher: 249541

Verlag: Akademie-Verlag GmbH, 108 Berlin, Leipziger Str. 3–4 (Fernsprecher: 220441, Telex-Nr. 011773), und Verlag Chemie, GmbH, 694 Weinheim/Bergstr. (Fernsprecher: Weinheim 3636 [Sammelnummer]; Fernschreiber: 465516 vchwh d). Bestellnummer: 1007/Zeitschriftenliste. Das Chemische Zentralblatt erscheint wöchentlich. Preis des Jahrganges einschl. Autoren-, Patent-, Sach- und Formelregister: 2400,–; einseitig bedruckte Ausgabe: 2700,–. Abgabe der Zeitschrift nur mit sämtlichen Registern. Abbestellungen nur bis spätestens 6 Wochen vor Ablauf des Kalenderjahres.

Satz und Druck: VEB Druckhaus „Maxim Gorki", Altenburg u. VEB Leipziger Druckhaus, Leipzig.

Druck der Zeitschriftenliste: VEB Druckerei „Thomas Müntzer" Bad Langensalza.
Veröffentlicht unter der Lizenznummer 1273 des Presseamtes beim Vorsitzenden des Ministerrates.
Printed in Germany.

Zeitschriften und ähnliche Publikationen

Aachener Blätter für Aufbereiten - Verkoken - Brikettieren	Aachener Bl. Aufbereiten - Verkoken - Brikettieren	4051
Abhandlungen der Akademie der Wissenschaften in Göttingen. Mathematisch-Physikalische Klasse	Abh. Akad. Wiss. Göttingen, math.-physik. Kl.	5
Abhandlungen der Bayerischen Akademie der Wissenschaften. Mathematisch-Naturwissenschaftliche Klasse	Abh. bayer. Akad. Wiss., math.-naturwiss. Kl.	2358
Abhandlungen der Braunschweigischen Wissenschaftlichen Gesellschaft	Abh. braunschweig. wiss. Ges.	1668
Abhandlungen der Deutschen Akademie der Wissenschaften zu Berlin.	Abh. dtsch. Akad. Wiss. Berlin,	2960 a-c
... Klasse für Mathematik, Physik und Technik	Kl. Math., Physik Techn.	
... Klasse für Chemie, Geologie und Biologie	Kl. Chem., Geol. Biol.	
... Klasse für Medizin	Kl. Med.	
Abhandlungen aus dem Fritz-Haber-Institut der Max-Planck-Gesellschaft in Berlin-Dahlem	Abh. Fritz-Haber-Inst. Max-Planck-Ges. Berlin-Dahlem	1464
Abhandlungen der Sächsischen Akademie der Wissenschaften zu Leipzig. Mathematisch-Naturwissenschaftliche Klasse	Abh. sächs. Akad. Wiss. Leipzig, math.-naturwiss. Kl.	77a
Acqua Industriale	Acqua ind.	2375
Acta Agriculturae Scandinavica	Acta Agric. scand.	1467
Acta Agriculturae Scandinavica. Supplementum	Acta Agric. scand., Suppl.	1467a
Acta Agronomica Academiae Scientiarum Hungaricae	Acta agronom. Acad. Sci. hung.	1687
Acta Anaesthesiologica Scandinavica	Acta anaesthesiol. scand.	2527
Acta Anaesthesiologica Scandinavica. Supplementum	Acta anaesthesiol. scand., Suppl.	2527a
Acta Biochimica et Biophysica Sinica	Acta biochim. biophysica sinica	2275
Acta Biochimica Polonica	Acta biochim. polon.	2061
Acta Biologica Academiae Scientiarum Hungaricae	Acta biol. Acad. Sci. hung.	1707
Acta Biologica et Medica Germanica	Acta biol. med. german.	2157
Acta Biologica et Medica Germanica. Supplement	Acta biol. med. german., Suppl.	2157a
Acta Botanica Neerlandica	Acta bot. neerl.	1260
Acta Chemica Scandinavica	Acta chem. scand.	1548
Acta Chimica Academiae Scientiarum Hungaricae	Acta chim. Acad. Sci. hung.	1688
Acta Chimica Sinica	Acta chim. sinica	235
Acta Cientifica Venezolana	Acta ci. venezolana	3650

Acta Crystallographica [Copenhagen]	Acta crystallogr. [Copenhagen]	1565
Acta Dermato-Venereologica [Stockholm]	Acta dermato-venereol. [Stockholm]	1541
Acta Dermato-Venereologica [Stockholm]. Supplementum	Acta dermato-venereol. [Stockholm], Suppl.	1541a
Acta Endocrinologica [Copenhagen]	Acta endocrinol. [Copenhagen]	1801
Acta Endocrinologica [Copenhagen]. Supplementum	Acta endocrinol. [Copenhagen], Suppl.	1801a
Acta Facultatis Pharmaceuticae Bohemoslovenicae	Acta Fac. pharmac. bohemoslovén.	4095
Acta Geologica Academiae Scientiarum Hungaricae	Acta geol. Acad. Sci. hung.	1978
Acta Geologica Sinica	Acta geol. sinica	911
Acta Histochemica [Jena]	Acta histochem. [Jena]	1906
Acta Isotopica [Padova]	Acta isotop. [Padova]	2402
Acta Medica Academiae Scientiarum Hungaricae	Acta med. Acad. Sci. hung.	1689
Acta Medica et Biologica [Niigata, Japan]	Acta med. biol. [Niigata, Japan]	1910
Acta Medicinae Okayama	Acta med. Okayama	414
Acta Metallurgica [New York]	Acta metallurg. [New York]	3932
Acta Microbiologica Academiae Scientiarum Hungaricae	Acta microbiol. Acad. Sci. hung.	1922
Acta Microbiologica Polonica	Acta microbiol. polon.	1972
Acta Morphologica Academiae Scientiarum Hungaricae	Acta morphol. Acad. Sci. hung.	1693
Acta Pathologica et Microbiologica Scandinavica	Acta pathol. microbiol. scand.	799
Acta Pathologica et Microbiologica Scandinavica. Supplementum	Acta pathol. microbiol. scand., Suppl.	799a
Acta Pharmaceutica Hungarica	Acta pharmac. hung.	257
Acta Pharmaceutica Jugoslavica	Acta pharmac. jugosl.	1730
Acta Pharmaceutica Suecica - Supplement zu: Svensk Farmaceutisk Tidskrift	Acta pharmac. suecica	349a
Acta Pharmaceutica Suecica. Supplementum	Acta pharmac. suecica, Suppl.	349b
Acta Pharmacologica et Toxicologica [København]	Acta pharmacol. toxicol. [København]	1569
Acta Physica Academiae Scientiarum Hungaricae	Acta physica Acad. Sci. hung.	1690
Acta Physica Austriaca	Acta physica austriaca	1597
Acta Physica Austriaca. Supplementum	Acta physica austriaca, Suppl.	1597a
Acta Physica Polonica	Acta physica polon.	347
Acta Physica Sinica	Acta physica sinica	600
Acta Physiologica Academiae Scientiarum Hungaricae	Acta physiol. Acad. Sci. hung.	1691
Acta Physiologica et Pharmacologica Neerlandica	Acta physiol. pharmacol. neerl.	667

Acta Physiologica Scandinavica	Acta physiol. scand.	1403
Acta Physiologica Scandinavica. Supplementum	Acta physiol. scand., Suppl.	1403a
Acta Physiologica Sinica	Acta physiol. sinica	137
Acta Poloniae Pharmaceutica	Acta polon. pharmac.	1151a
Acta Polytechnica Scandinavica. ... Chemistry Including Metallurgy Series ... Civil Engineering and Building Construction Series ... Electrical Engineering Series ... Mechanical Engineering Series ... Physics Including Nucleonics Series ... Mathematics and Computing Machinery Series	Acta polytechn. scand., Chem. includ. Metallurgy Ser. Civil Engng. Building Construct. Ser. electr. Engng. Ser. mechan. Engng. Ser. Physics includ. Nucleonics Ser. Math. comput. Machinery Ser.	1640 a-f
Acta Radiologica [Stockholm]. Supplementum	Acta radiol. [Stockholm], Suppl.	1540a
Acta Radiologica [Stockholm]. Therapy, Physics, Biology	Acta radiol. [Stockholm], Therapy, Physics, Biol.	1540c
Acta Scholae Medicinalis Universitatis in Kioto	Acta Scholae med. Univ. Kioto	10
Acta Societatis Medicorum Upsaliensis	Acta Soc. med. Upsaliensis	1093
Acta Technica Academiae Scientiarum Hungaricae	Acta techn. Acad. Sci. hung.	1692
Acta Universitatis Lundensis. Sectio II. Medica, Mathematica, Scientiae Rerum Naturalium	Acta Univ. Lundensis, Sect. II	2384
Acta Universitatis Palackianae Olomucensis Facultatis Medicae	Acta Univ. Palackianae Olomucensis Fac. Med.	4124
Acta Universitatis Szegediensis. Acta Biologica	Acta Univ. Szegediensis, Acta biol.	4126
Acta Universitatis Szegediensis. Acta Mineralogica-Petrographica	Acta Univ. Szegediensis, Acta mineralog.-petrogr.	1484
Acta Universitatis Szegediensis. Acta Physica et Chemica	Acta Univ. Szegediensis, Acta physica chem.	703
Acustica [Stuttgart] - Mit: Akustische Beihefte	Acustica [Stuttgart]	3842
Adhäsion - Mit den Beilagen: 1) Wachsverarbeitung, 2) Druckfarbe, 3) Schleif- und Poliermittel-Industrie	Adhäsion	4077
Advanced Energy Conversion	Advanced Energy Convers.	5885
Advanced Waste Treatment Research	Advanced Waste Treatment Res.	2477
Advancement of Science	Advancement of Sci.	850
Advances in Agronomy	Advances in Agronomy	1893
Advances in Analytical Chemistry and Instrumentation		2281
Advances in Cancer Research	Advances Cancer Res.	1774
Advances in Carbohydrate Chemistry	Advances Carbohydrate Chem.	1642
Advances in Catalysis and Related Subjects		1894
Advances in Chemical Physics		4288

Advances in Chemistry Series	Advances Chem. Ser.	1784
Advances in Drug Research		2379
Advances in Electronics and Electron Physics		1861
Advances in Enzymology and Related Subjects of Biochemistry	Advances in Enzymol.	1433
Advances in Fluorine Chemistry		2496
Advances in Food Research		1895
Advances in Heat Transfer		2461
Advances in Magnetic Resonance		2565
Advances in Nuclear Science and Technology		2445
Advances in Organic Chemistry: Methods and Results		2441
Advances in Organic Geochemistry		2447
Advances in Organometallic Chemistry		2338
Advances in Pharmaceutical Sciences		2483
Advances in Physical Organic Chemistry		2335
Advances in Physics - Supplement zu: Philosophical Magazine	Advances in Physics	289a
Advances in Polymer Science [Berlin]		4104
Advances in Quantum Chemistry		2452
Advances in Radiation Biology		2588
Advances in Tracer Methodology		2479
Advances in X-Ray Analysis	Advances X-Ray Analysis	2517
Ärztliche Forschung	Ärztl. Forsch.	3717
Ärztliche Laboratorium, Das	Ärztl. Lab.	2504
Afinidad	Afinidad	2948
Agressologie [Paris]	Agressologie [Paris]	4223
Agricoltura Italiana	Agric. ital.	1762
Agricultura [Louvain]	Agricultura [Louvain]	941
Agricultural and Biological Chemistry [Tokyo] - Enthält "Abstracts" der im: Journal of the Agricultural Chemical Society of Japan, veröffentlichten japanischen Originalarbeiten	Agric. biol. Chem. [Tokyo]	445a
Agrobiologija - Ab Band 1, Nr. 1 (1966): Sel'skochozjajstvennaja Biologija	Agrobiologija	248r
Agrochimica [Pisa] - Mit Supplement: Atti del Simposio Internazionale di Agrochimica	Agrochimica [Pisa]	2150
Agrochimija	Agrochimija	412r
Agrokémia és Talajtan (Agrochemie und Bodenkunde)	Agrokém. és Talajtan [Agrochem. u. Bodenkunde]	1744
Agrokémia és Talajtan (Agrochemie und Bodenkunde). Supplementum	Agrokém. és Talajtan [Agrochem. u. Bodenkunde], Suppl.	1744a
Agronomia Lusitana	Agronom. lusitana	2012

Agronomie Tropicale	Agronom. tropicale	3825
Agronomy Journal	Agronomy J.	429
AIAA Journal [American Institute of Aeronautics and Astronautics]	AIAA Journal	3465
A.I.Ch.E.Journal [American Institute of Chemical Engineers]	A.I.Ch.E.Journal	4217
Air and Water Pollution	Air Water Pollut.	4271
Akušerstvo i Ginekologija	Akušerstvo i Ginekol.	258r
Akustičeskij Žurnal	Akustičeskij Ž.	576r
Alkaloids. Chemistry and Physiology		2482
Allgemeine und Praktische Chemie [Wien] - Bis Band 16, Nr. 12 (1965): Praktische Chemie [Wien]	Allg. prakt. Chem. [Wien]	3853
Allgemeine Wärmetechnik	Allg. Wärmetechn.	5003
Alluminio - Nuova Metallurgia	Alluminio - nuova Metallurgia	3043
Aluminium	Aluminium	2607
American Ceramic Society Bulletin	Amer. ceram. Soc. Bull.	434
American Dyestuff Reporter - Mit Sonderteil: Proceedings of the American Association of Textile Chemists and Colorists	Amer. Dyestuff Reporter	2608
American Industrial Hygiene Association Journal	Amer. ind. Hyg. Assoc. J.	1649
American Journal of Botany	Amer. J. Bot.	506
American Journal of Clinical Nutrition	Amer. J. clin. Nutrit.	1824
American Journal of the Medical Sciences	Amer. J. med. Sci.	17
American Journal of Medical Technology	Amer. J. med. Technol.	4190
American Journal of Ophthalmology	Amer. J. Ophthalmol.	915
American Journal of Physics	Amer. J. Physics	1617
American Journal of Physiology	Amer. J. Physiol.	14
American Journal of Science	Amer. J. Sci.	16
American Journal of Science, Radiocarbon Supplement	Amer. J. Sci., Radiocarbon Suppl.	16a
American Mineralogist	Amer. Mineralogist	18
American Perfumer and Cosmetics	Amer. Perfumer Cosmetics	2612
American Potato Journal	Amer. Potato J.	823
American Scientist	Amer. Scientist	1679
American Society of Brewing Chemists. Proceedings. Annual Meeting	Amer. Soc. Brewing Chemists, Proc., annu. Meeting	2324
American Society for Testing and Materials. Special Technical Publication	Amer. Soc. Testing Mater., spec. techn. Publ.	298e
American Tung Oil Topics	Amer. Tung Oil Topics	2327
Anais da Academia Brasileira de Ciencias	An. Acad. brasil. Ci.	435
Anais do Instituto Superior de Agronomia. Universidade Técnica de Lisboa	An. Inst. Super. Agronom., Univ. técn. Lisboa	1279
Anais do Instituto do Vinho do Porto	An. Inst. Vinho Porto	2499

Analele Universităţii Bucureşti. Seria Ştiinţele Naturii (Annalen der Universität Bukarest. Naturwissenschaftliche Serie).	An. Univ. Bucureşti, Ser. Ştiinţ. naturii,	1997 a-d_1
... Biologie (Biologie)	Biol.	
... Chimie (Chemie)	Chim.	
... Geologie-Geografie (Geologie-Geographie)	Geol.-Geogr.	
... Fizică (Physik)	Fizică	
Anales de Bromatologia [Madrid]	An. Bromatol. [Madrid]	2176
Analyst - Mit Beilage: Proceedings of the Society for Analytical Chemistry	Analyst	25
Analytica Chimica Acta [Amsterdam]	Analytica chim. Acta [Amsterdam]	1545
Analytical Abstracts	Analyt. Abstr.	25a
Analytical Biochemistry [New York]	Analyt. Biochem. [New York]	4204
Analytical Chemistry	Analyt. Chem.	2744a
Anesthesia and Analgesia. Current Researches	Anesthesia Analgesia, current Res.	417
Anesthésie, Analgésie et Réanimation	Anesthésie, Analgésie Réanimat.	1168
Anesthésie, Analgésie et Réanimation. Supplément	Anesthésie, Analgésie Réanimat., Suppl.	1168a
Anesthesiology	Anesthesiology	1697
Angewandte Chemie - Mit Sonderteil: Nachrichten aus Chemie und Technik	Angew. Chem.	2924
Angewandte Chemie. International Edition	Angew. Chem., int. Edit.	2924b
Annalen der Physik	Ann. Physik	27
Annales Agriculturae Fenniae	Ann. Agric. Fenn.	2354
Annales Agriculturae Fenniae. Supplementum	Ann. Agric. Fenn., Suppl.	2354a
Annales Agronomiques	Ann. agronom.	30a
Annales d'Astrophysique	Ann. Astrophysique	3901
Annales de Biologie Clinique	Ann. Biol. clin.	4093
Annales de Chimie	Ann. Chimie	28
Annales d'Endocrinologie	Ann. d'Endocrinol.	595
Annales de la Faculté des Sciences de l'Université de Clermont. Géologie, Mineralogie	Ann. Fac. Sci. Univ. Clermont, Géol., Mineralog.	2563
Annales de la Faculté des Sciences de l'Université de Toulouse, pour les Sciences Mathématiques et les Sciences Physiques	Ann. Fac. Sci. Univ. Toulouse, Sci. math. Sci. physiques	3963
Annales des Falsifications et de l'Expertise Chimique	Ann. Falsificat. Expertise chim.	36
Annales de Géophysique	Ann. Géophysique	3900
Annales Guébhard	Ann. Guébhard	724
Annales Instituti Biologici (Tihany) Hungaricae Academiae Scientiarum	Ann. Inst. biol. (Tihany) hung. Acad. Sci.	3461
Annales de l'Institut Pasteur	Ann. Inst. Pasteur	32

Annales Medicinae Experimentalis et Biologiae Fenniae	Ann. Med. exp. Biol. fenn.	1319a
Annales Medicinae Experimentalis et Biologiae Fenniae. Supplementum	Ann. Med. exp. Biol. fenn., Suppl.	1319c
Annales de Médecine Légale, Criminologie, Police Scientifique et Toxicologie	Ann. Méd. Légale, Criminol., Police sci. Toxicol.	498
Annales de la Nutrition et de l'Alimentation [Paris]	Ann. Nutrit. Alimentat. [Paris]	1885
Annales Paediatrici Japonici	Ann. Paediatrici jap.	645
Annales Pharmaceutiques Françaises	Ann. pharmac. franç.	188
Annales de Physiologie Végétale	Ann. Physiol. végét.	30f
Annales de Physique	Ann. Physique	35
Annales de la Société Géologique de Belgique. Bulletin	Ann. Soc. géol. Belgique, Bull.	631a
Annales de la Société Scientifique de Bruxelles. Série I: Sciences Mathématiques Astronomiques et Physiques	Ann. Soc. sci. Bruxelles, Sér. I	31a
Annales Universitatis Saraviensis. Reihe: Mathematisch-Naturwissenschaftliche Fakultät	Ann. Univ. Saraviensis, R.: math.-naturwiss. Fak.	1732
Annales Universitatis Scientiarum Budapestinensis de Rolando Eötvös Nominatae, Sectio Chimica	Ann. Univ. Sci. Budapestinensis Rolando Eötvös nominatae, Sect. Chim.	2231
Annali dell'Accademia di Agricoltura di Torino	Ann. Accad. Agric. Torino	1176
Annali di Botánica [Roma]	Ann. Bot. [Roma]	2130
Annali di Chimica	Ann. Chimica	41
Annali della Facoltà di Agraria Università di Pisa	Ann. Fac. Agrar. Univ. Pisa	1281
Annali di Idrologia	Ann. Idrol.	2503
Annali dell'Istituto Superiore di Sanità	Ann. Ist. super. Sanità	2581
Annali di Microbiologia ed Enzimologia	Ann. Microbiol. Enzimol.	1400
Annals of Applied Biology	Ann. appl. Biol.	480
Annals of Botany	Ann. Botany	488
Annals of the Entomological Society of America	Ann. entomol. Soc. America	803
Annals of Internal Medicine	Ann. intern. Med.	502
Annals of the New York Academy of Sciences	Ann. New York Acad. Sci.	1829
Annals of Physics	Ann. Physics	2138
Annals of Tropical Medicine and Parasitology	Ann. trop. Med. Parasitol.	930
Annual Report of the Agricultural and Horticultural Research Station (The National Fruit and Cider Institute), Long Ashton, Bristol	Annu. Rep. agric. horticult. Res. Stat., Long Ashton, Bristol	954
Annual Report of Biological Works. Faculty of Science, Osaka University	Annu. Rep. biol. Works, Fac. Sci., Osaka Univ.	1809
Annual Report, East Malling Research Station, Maidstone, Kent	Annu. Rep., East Malling Res. Stat., Maidstone, Kent	837

Annual Report on the Progress of Rubber Technology	Annu. Rep. Progr. Rubber Technol.	556
Annual Report of Sankyo Research Laboratories [Tokyo]	Annu. Rep. Sankyo Res. Lab. [Tokyo]	1995
Annual Report of the Secretary of the State Horticultural Society of Michigan	Annu. Rep. Secretary State horticult. Soc. Michigan	1990
Annual Report of Shionogi Research Laboratory [Osaka]	Annu. Rep. Shionogi Res. Lab. [Osaka]	1717
Annual Reports on the Progress of Chemistry	Annu. Rep. Progr. Chem.	45
Annual Reports of the Takeda Research Laboratory	Annu. Rep. Takeda Res. Lab.	2023
Annual Report of the Tokyo College of Pharmacy	Annu. Rep. Tokyo Coll. Pharmacy	1986
Annual Review of Biochemistry	Annu. Rev. Biochem.	698
Annual Review of Medicine		1902
Annual Review of Microbiology	Annu. Rev. Microbiol.	1682
Annual Review of Nuclear Science	Annu. Rev. nuclear Sci.	1871
Annual Review of Pharmacology		4214
Annual Review of Physical Chemistry	Annu. Rev. physic. Chem.	1889
Annual Review of Physiology		815
Annual Review of Plant Physiology		1875
Antibiotiki	Antibiotiki	331r
Anti-Corrosion. Methods and Materials - Bis 1965 (Band 12, Nr. 12): Corrosion Technology [London]	Anti-Corrosion, Methods Mater.	2114
Antimicrobial Agents and Chemotherapy	Antimicrobial Agents Chemotherapy	2304
Antonie van Leeuwenhoek	Antonie van Leeuwenhoek	1435
Anzeiger für Schädlingskunde Vereinigt mit Schädlingsbekämpfung	Anz. Schädlingskunde verein. Schädlingsbekämpf.	3292
APPITA - Journal of the Australian and New Zealand Pulp and Paper Industry Technical Association	APPITA - J. Austral. New Zealand Pulp Paper Ind. techn. Assoc.	1911
Applied Infrared Spectroscopy		2571
Applied Microbiology	Appl. Microbiol.	3921
Applied Physics Letters	Appl. Physics Letters	578a
Applied Polymer Symposia	Appl. Polymer Sympos.	$1544a_1$
Applied Scientific Research [The Hague]. ... Section A. Mechanics, Heat, Chemical Engineering, Mathematical Methods	Appl. sci. Res. [The Hague], Sect. A	1636 a+b
... Section B. Electrophysics, Acoustics, Optics, Mathematical Methods	Sect. B	
Applied Spectroscopy	Appl. Spectroscopy	3955
Aptečnoe Delo	Aptečnoe Delo	273r
Arbeitsgemeinschaft für Forschung des Landes Nordrhein-Westfalen	Arbeitsgemeinsch. Forsch. Landes Nordrhein-Westfalen	1899

Arbeitsgemeinschaft Getreideforschung E.V. Berichte	Arbeitsgemeinsch. Getreideforsch. E.V., Ber.	4115
Arbeitsschutz (Fachteil des Bundesarbeitsblattes für den Technischen, Medizinischen und Sozialen Arbeitsschutz)	Arbeitsschutz	2321
Årbok for Universitetet i Bergen. Matematisk-Naturvitenskapelig Serie (Acta Universitatis Bergensis. Series Mathematica Rerumque Naturalium)	Årbok Univ. Bergen, mat.-naturvit. Ser.	4071
Archaeometry	Archaeometry	2392
Archiv für das Eisenhüttenwesen	Arch. Eisenhüttenwes.	2619
Archives of Biochemistry and Biophysics	Arch. Biochem. Biophysics	1530
Archives de Biologie [Liège]	Arch. Biol. [Liège]	1864
Archives of Dermatology	Arch. Dermatology	824
Archives of Environmental Health	Arch. environment. Health	203
Archives de l'Institut Pasteur de Tunis	Arch. Inst. Pasteur Tunis	810
Archives Internationales de Pharmacodynamie et de Thérapie	Arch. int. Pharmacodynam. Thérap.	56
Archives Internationales de Physiologie et de Biochimie	Arch. int. Physiol. Biochim.	57
Archives des Maladies Professionelles de Médecine du Travail et de Sécurité Sociale	Arch. Maladies profess. Méd. Travail Sécurité soc.	1550
Archives of Oral Biology	Arch. oral Biol.	2215
Archives of Pathology	Arch. Pathology	532
Archives des Sciences Physiologiques	Arch. Sci. physiol.	1908
Archiv für Geschwulstforschung	Arch. Geschwulstforsch.	1839
Archiv für Hygiene und Bakteriologie	Arch. Hyg. Bakteriol.	53
Archivio Italiano di Scienze Farmacologiche	Arch. ital. Sci. farmacol.	1413
Archivio di Scienze Biologiche	Arch. Scienze biol.	63
Archiv für Lebensmittelhygiene	Arch. Lebensmittelhyg.	2686a
Archiv für Meteorologie, Geophysik und Bioklimatologie [Wien]. Serie A Meteorologie und Geophysik	Arch. Meteorol., Geophysik, Bioklimatol. [Wien], Ser. A	1704a
Archiv für Mikrobiologie	Arch. Mikrobiol.	3
Archivos del Instituto de Farmacologia Experimental (Medicina)	Arch. Inst. Farmacol. exp. (Med.)	4252
Archivos Venezolanos de Nutrición	Arch. venezolanos Nutric.	1494
Archiv for Pharmaci og Chemi	Arch. Pharmac. og Chem.	48
Archiv der Pharmazie und Berichte der Deutschen Pharmazeutischen Gesellschaft - Mit Beilage: Mitteilungen der Deutschen Pharmazeutischen Gesellschaft und der Pharmazeutischen Gesellschaft der DDR	Arch. Pharmaz.	47
Archiv für Technisches Messen und Industrielle Messtechnik	Arch. techn. Messen ind. Messtechn.	3028
Archiv für Tierernährung - Mit: Beihefte zum Archiv für Tierernährung	Arch. Tierernähr.	1619

Archiv für Toxikologie	Arch. Toxikol.	357
Archiwum Hutnictwa (Archiv für Hüttenwesen)	Arch. Hutnictwa	1968b
Arcos	Arcos	733
Arhiv za Farmaciju (Archives de Pharmacie)	Arhiv Farmac.	2271
Arhiv za Higijenu Rada i Toksikologiju (Archiv für Arbeitshygiene und Toxikologie)	Arhiv Hig. Rada Toksikol.	1659
Arizona Bureau of Mines. Bulletin	Arizona Bur. Mines, Bull.	1087
Arkiv för Fysik	Ark. Fysik	484c
Arkiv för Kemi	Ark. Kemi	64a
Arkiv för Mineralogi och Geologi	Ark. Mineralog. Geol.	64b
Armjanskij Chimičeskij Žurnal - Bis Band 13, Nr. 6 (1965): Izvestija Akademii Nauk Armjanskoj SSR Chimičeskie Nauki	Armjanskij chim. Ž.	301re
Arzneimittel-Forschung - Mit ständiger Rubrik: Neue Arzneimittel	Arzneimittel-Forsch.	3860
Arzneimittelstandardisierung	Arzneimittelstandardisierung	4206
ASLE Transactions [American Society of Lubrication Engineers]	ASLE Trans.	5798
Astronomičeskij Žurnal	Astronomičeskij Ž.	151r
Astrophysical Journal	Astrophysic. J.	65
Astrophysica Norvegica	Astrophysica norvegica	1339
Atomic Energy Review [Wien]	Atomic Energy Rev. [Wien]	2315
Atomkernenergie	Atomkernenergie	5387
Atomki Közlemények (Atom-Mitteilungen)	Atomki Közlemények [Atom-Mitt.]	2439
Atomnaja Ėnergija	Atom. Ėnerg.	330r
Atompraxis	Atompraxis	5385
Atomwirtschaft - Mit Beilage: Atomtechnik in der Atomwirtschaft	Atomwirtschaft	5384
Atti della Accademia Nazionale dei Lincei. Memorie. Classe di Scienze Fisiche, Matematiche e Naturali. ... Sezione Ia (Matematica, Meccanica, Astronomia, Geodesia e Geofisica) ... Sezione IIa (Fisica, Mineralogia)	Atti Accad. naz. Lincei, Mem., Cl. Sci. fisiche, mat. natur., Sez. Ia Sez. IIa	3551 a+b
Atti della Accademia Nazionale dei Lincei. Rendiconti. Classe di Scienze Fisiche, Matematiche e Naturali	Atti Accad. naz. Lincei, Rend., Cl. Sci. fisiche, mat. natur.	2622
Atti della Accademia delle Scienze di Ferrara	Atti Accad. Sci. Ferrara	4238
Atti della Accademia di Scienze Lettere e Arti di Palermo	Atti Accad. Sci. Lettere Arti Palermo	2214
Atti dell' Accademia delle Scienze di Torino. I. Classe di Scienze Fisiche, Matematiche e Naturali	Atti Accad. Sci. Torino, I, Cl. Sci. fisiche, mat. natur.	66

Atti della Fondazione Giorgio Ronchi e Contributi dell' Istituto Nazionale di Ottica	Atti Fondaz. Giorgio Ronchi Contr. Ist. naz. Ottica	5307
Atti dell' Istituto Veneto di Scienze, Lettere ed Arti. Classe di Scienze Matematiche e Naturali	Atti Ist. Veneto Sci., Lettere Arti, Cl. Sci. mat. natur.	516
Atti della Società Peloritana di Scienze Fisiche, Matematiche e Naturali	Atti Soc. Peloritana Sci. fisiche, mat. natur.	2161
Auer-Mitteilungsblätter (im Lose-Blatt-System)	Auer-Mitteilungsbl.	2719
Aufbereitungs-Technik	Aufbereitungs-Techn.	5613
Australasian Institute of Mining and Metallurgy. Proceedings	Australas. Inst. Mining Metallurgy, Proc.	668
Australian Journal of Agricultural Research	Austral. J. agric. Res.	1718
Australian Journal of Biological Sciences	Austral. J. biol. Sci.	1721c
Australian Journal of Chemistry	Austral. J. Chem.	1721a
Australian Journal of Dairy Technology	Austral. J. Dairy Technol.	2159
Australian Journal of Experimental Agriculture and Animal Husbandry	Austral. J. exp. agric. animal Husbandry	4246
Australian Journal of Experimental Biology and Medical Science	Austral. J. exp. Biol. med. Sci.	67
Australian Journal of Marine and Freshwater Research	Austral. J. Marine Freshwater Res.	1720
Australian Journal of Physics	Austral. J. Physics	1721b
Australian Journal of Soil Research	Austral. J. Soil Res.	2405
Australian Plastics and Rubber Journal	Austral. Plastics Rubber J.	1599
Avtomatičeskaja Svarka	Avtomatičeskaja Svarka	274r
Azerbajdžanskij Chimičeskij Žurnal	Azerbajdžanskij chim. Ž.	407r
Azerbajdžanskoe Neftjanoe Chozjajstvo	Azerbajdžanskoe neftjanoe Choz.	21r

Bacteriological Reviews		1112
Bäcker und Konditor	Bäcker u. Konditor	3878a
Bakers Digest	Bakers Digest	3276
Bányászati Lapok (Ungarische Zeitschrift für Bergbau)	Bányászati Lapok [Ung. Z. Bergbau]	3197a
Batterien [Best, Nederland]	Batterien [Best, Nederland]	3477
Bayer Farben-Revue	Bayer Farben-Rev.	4291
Bayerisches Landwirtschaftliches Jahrbuch	Bayer. landwirtsch. Jb.	1610
Bayerisches Landwirtschaftliches Jahrbuch. Sonderhefte	Bayer. landwirtsch. Jb., Sonderh.	1610a
"Bayer" Pflanzenschutz-Kurier	"Bayer" Pflanzenschutz-Kurier	2396
Beckman Report [München] (Beckman Instruments GmbH)	Beckman Rep. [München]	2362

Beiheft zur Zeitschrift Geologie	Beih. Z. Geol.	1723a
Beiträge zur Mineralogie und Petrographie - Ab Band 12, Nr. 1 (1966): Contributions to Mineralogy and Petrology [Berlin]	Beitr. Mineralog. Petrogr.	1525
Beiträge aus der Plasmaphysik	Beitr. Plasmaphysik	2230
Beiträge zur Tabakforschung	Beitr. Tabakforsch.	2285
Benzole Producers Limited. Research Paper	Benzole Producers Ltd., Res. Pap.	2492
Bergakademie [Freiberg] - Mit Beiheften: Freiberger Forschungshefte. Reihe A, B, C	Bergakademie [Freiberg]	3873
Bergbautechnik	Bergbautechnik	3751a
Berg- und Hüttenmännische Monatshefte [Wien]	Berg- u. hüttenmänn. Mh. [Wien]	2624
Berichte der Bunsengesellschaft für Physikalische Chemie Früher Zeitschrift für Elektrochemie	Ber. Bunsenges. physik.	2933
Berichte der Deutschen Keramischen Gesellschaft e.V.	Ber. dtsch. keram. Ges. e.V.	73
Berichte des Instituts für Tabakforschung Dresden	Ber. Inst. Tabakforsch. Dresden	1872
Berichte der Naturforschenden Gesellschaft zu Freiburg i.Br.	Ber. naturforsch. Ges. Freiburg i.Br.	1326
Berichte des Ōhara Instituts für Landwirtschaftliche Biologie, Okayama Universität	Ber. Ōhara Inst. landwirtsch. Biol., Okayama Univ.	75
Berufsdermatosen	Berufsdermatosen	1931
Betonstein-Zeitung - Mit Beilage: Steine und Erden	Betonstein-Ztg.	3437
Betongtekniske Publikasjoner	Betongtekn. Publ.	2331
Beton i Železobeton	Beton i Železobeton	322r
Biken Journal [Osaka] (Journal of the Research Institute for Microbial Diseases)	Biken J. [Osaka]	2446
Bild und Ton	Bild u. Ton	3800
Biochemical and Biophysical Research Communications	Biochem. biophysic. Res. Commun.	4160
Biochemical Journal - Mit Sonderteilen: 1) Short Communications und 2) Proceedings of the Biochemical Society	Biochem. J.	79
Biochemical Pharmacology	Biochem. Pharmacol.	4131
Biochemical Problems of Lipids [Amsterdam]	Biochem. Probl. Lipids [Amsterdam]	2515
Biochemische Zeitschrift	Biochem. Z.	80
Biochemistry [Washington]	Biochemistry [Washington]	4265
Biochemistry of Quinones		2473
Biochimica Applicata [Parma]	Biochim. appl. [Parma]	2329
Biochimica e Biologia Sperimentale	Biochim. Biol. sperim.	2466
Biochimica et Biophysica Acta [Amsterdam]	Biochim. biophysica Acta [Amsterdam]	1528

Biochimija	Biochimija	114r
Biofizika	Biofizika	358r
Biogenesis of Antibiotic Substances. Congress on Antibiotics, Prague 1964		2497
Biológiai Közlemények (Biologische Mitteilungen)	Biol. Közlemények [Biol. Mitt.]	4085
Biologia Plantarum [Praha]	Biol. Plantarum [Praha]	4108
Biological Bulletin	Biol. Bull.	82
Biological Reviews of the Cambridge Philosophical Society	Biol. Rev. Cambridge philos. Soc.	69
Biologičeskij Žurnal Armenii - Bis Band 19, Nr. 12 (1965): Izvestija Akademii Nauk Armjanskoj SSR. Biologičeskie Nauki	Biol. Ž. Armenii	301ra
Biologisches Zentralblatt	Biol. Zbl.	83
Biopolymers	Biopolymers	1544e
Biotechnology and Bioengineering	Biotechnol. and Bioengng.	4105
Bitumen	Bitumen	3088
Bitumen, Teere, Asphalte, Peche und Verwandte Stoffe	Bitumen, Teere, Asphalte, Peche verwandte Stoffe	3848
Biuletyn Wojskowej Akademii Technicznej Im. Jarosława Dąbrowskiego (Zeitschrift der Militärtechnischen Akademie Jarosław Dąbrowski)	Biul. wojskowej Akad. techn. im. Jarosława Dąbrowskiego	2409
Bjulleten' ėksperimental'noj Biologii i Mediciny	Bjull. ėksper. Biol. Med.	130r
Bjulleten' Moskovskogo Obščestva Ispytatelej Prirody. Otdel Geologičeskij	Bjull. Moskovskogo Obšč. Ispyt. Prir., Otd. geol.	147rb
Blasberg-Mitteilungen	Blasberg-Mitt.	2301
Blech - Mit Fachteil: Rohre und Profile	Blech	5391
Blood	Blood	1592
Bodenkultur [Wien]	Bodenkultur [Wien]	4086a
Boletim do Departamento de Engenharia Química da EPUSP	Bol. Dep. Engenharia Quím. EPUSP	4220
Boletín del Instituto de Química de la Universidad Nacional Autonoma de México	Bol. Inst. Quím. Univ. nac. autonoma México	4186
Bollettino Chimico Farmaceutico	Boll. chim. farmac.	87
Bollettino dei Laboratori Chimici Provinciali	Boll. Lab. chim. provinc.	2203
Bollettino Scientifico della Facoltà di Chimica Industriale di Bologna	Boll. sci. Fac. Chim. ind. Bologna	2947
Bollettino della Società Italiana di Biologia Sperimentale	Boll. Soc. ital. Biol. sperim.	504
Botanical Gazette	Bot. Gaz.	91
Botyu-Kagaku (Scientific Pest Control)	Botyu-Kagaku [Sci. Pest Control]	1882
Branntweinwirtschaft - Mit Beilage: Destillateur-Lehrling	Branntweinwirtschaft	2939

Braunkohle, Wärme und Energie	Braunkohle, Wärme u. Energie	3833
Brennstoff-Chemie - Mit: Wirtschaftsteil und Teil "Technische Umschau"	Brennstoff-Chem.	2631
Brennstoff. Wärme. Kraft	Brennstoff. Wärme. Kraft	3630
British Chemical Engineering Incorporating The Industrial Chemist	Brit. chem. Engng.	4045
British Foundryman	Brit. Foundryman	845
British Journal of Anaesthesia	Brit. J. Anaesthesia	70
British Journal of Applied Physics	Brit. J. appl. Physics	3817
British Journal of Cancer	Brit. J. Cancer	1681
British Journal of Nutrition	Brit. J. Nutrit.	2191
British Journal of Pharmacology and Chemotherapy	Brit. J. Pharmacol. Chemotherapy	1505
British Journal of Photography	Brit. J. Photogr.	2635
British Journal of Psychiatry	Brit. J. Psychiatry	796
British Medical Bulletin	Brit. med. Bull.	3949
British Plastics	Brit. Plastics	2954
Brot und Gebäck	Brot u. Gebäck	3728
Buletinul Institutului de Petrol, Gaze şi Geologie [Bucureşti] (Bulletin of the Institute of Petroleum, Gas and Geology)	Bul. Inst. Petrol, Gaze Geol. [Bucureşti]	2024
Buletinul Institutului Politehnic "Gheorghe Gheorghiu-Dej" Bucureşti	Bul. Inst. politehn. "Gheorghe Gheorghiu-Dej" Bucureşti	4147
Buletinul Institutului Politehnic din Iaşi (Bulletin of the Polytechnic Institute of Jassy)	Bul. Inst. Politehn. Iaşi	1651
Buletini Universitetit Shtetëror të Tiranës. Seria Shkencat Natyrore (Bulletin de l'Institut des Sciences de Tirana. Série Sciences Naturelles)	Bul. Univ. Shtetëror Tiranës, Ser. Shkencat Natyrore [Bull. Inst. Sci. Tirana, Sér. Sci. natur.]	2057
Bulletin de l'Académie Polonaise des Sciences.	Bull. Acad. polon. Sci.,	1797a
... Série des Sciences Biologiques	Sér. Sci. biol.	b$_1$, b$_2$
... Série des Sciences Chimiques	Sér. Sci. chim.	d
... Série des Sciences Géologiques et Géographiques	Sér. Sci. géol. géogr.	
... Série des Sciences Mathématiques, Astronomiques et Physiques	Sér. Sci. math., astronom. physiques	
Bulletin des Anciens Élèves de l'École Française de Meunerie	Bull. anciens Élèves École franç. Meunerie	890
Bulletin de l'Association des Diplômés de Microbiologie de la Faculté de Pharmacie de Nancy	Bull. Assoc. Diplômés Microbiol. Fac. Pharmac. Nancy	920
Bulletin de l'Association Française pour l'Etude du Cancer - Ab Band 53(57), Nr. 1 (1966): Bulletin du Cancer	Bull. Assoc. franç. Étude Cancer	835
Bulletin de l'Association Française des Ingénieurs, Chimistes et Techniciens des Industries du Cuir de la Chaussure et Autres Industries Utili-	Bull. Assoc. franç. Ing., Chimistes Techniciens Ind. Cuir Chaussure autres Ind. utilisatrices	2676a

satrices et Documents et Informations du Centre Technique du Cuir - Supplement zu: Revue Technique des Industries du Cuir	Doc. Inform. Centre techn. Cuir	
Bulletin de l'Association Française des Techniciens du Pétrole - Ab Nr. 174 (1965): Revue de l'Association Française des Techniciens du Pétrole	Bull. Assoc. franç. Techniciens Pétrole	794
Bulletin de l'Association Royale des Anciens Étudiants en Brasserie de l'Université de Louvain	Bull. Assoc. roy. anciens Étudiants Brasserie Univ. Louvain	413
Bulletin de l'Association Technique Maritime et Aéronautique	Bull. Assoc. techn. maritime aéronaut.	3470
Bulletin of the Astronomical Institutes of Czechoslovakia	Bull. astronom. Inst. Czechoslovakia	4144
Bulletin of the Boris Kidrič Institute of Nuclear Sciences	Bull. Boris Kidrič Inst. nuclear Sci.	1773
Bulletin du Cancer - Bis Band 52(56), Nr. 4 (1965): Bulletin de l'Association Française pour l'Étude du Cancer	Bull. Cancer	835
Bulletin of the Chemical Society of Japan	Bull. chem. Soc. Japan	115
Bulletin de la Classe des Sciences, Académie Royale de Belgique	Bull. Cl. Sci., Acad. roy. Belgique	98
Bulletin de la Commission Géologique de Finlande	Bull. Commiss. géol. Finlande	505
Bulletin of the Faculty of Agriculture. University of Miyazaki	Bull. Fac. Agric., Univ. Miyazaki	2013
Bulletin of the Geological Institutions of the University of Uppsala	Bull. geol. Instn. Univ. Uppsala	795
Bulletin d'Informations Scientifiques et Techniques. Commissariat à l'Énergie Atomique	Bull. Inform. sçi. techn., Commissariat Énergie atom.	5643
Bulletin d'Informations Scientifiques et Techniques. Commissariat à l'Énergie Atomique. Supplement	Bull. Inform. sçi. techn., Commissariat Énergie atom., Suppl.	5643a
Bulletin de l'Institut Agronomique et des Stations de Recherches de Gembloux - Ab 1966 (Band 1, Nr. 1): Bulletin des Recherches Agronomiques de Gembloux	Bull. Inst. agronom. Stat. Rech. Gembloux	871
Bulletin of the Institute for Chemical Research, Kyoto University	Bull. Inst. chem. Res., Kyoto Univ.	1628
Bulletin of the Institution of Mining and Metallurgy - Mit Sonderteilen: 1) Transactions und 2) Abstracts	Bull. Instn. Mining Metallurgy	120
Bulletin de l'Institut Textile de France	Bull. Inst. Textile France	2052
Bulletin of the Japan Petroleum Institute	Bull. Japan Petroleum Inst.	4283
Bulletin of the Mineral Research and Exploration Institute of Turkey. Foreign Edition	Bull. Mineral Res. Explorat. Inst. Turkey, foreign Edit.	1818

Bulletin of Nagoya Institute of Technology	Bull. Nagoya Inst. Technol.	2257
Bulletin on Narcotics	Bull. on Narcotics	3831
Bulletin of the National Institute of Agricultural Sciences [Tokyo]. ... Series B (Soils and Fertilizers) ... Series C (Phytopathology and Entomology) ... Series D (Plant Physiology, Genetics and Crops in General)	Bull. nat. Inst. agric. Sci. [Tokyo], Ser. B Ser. C Ser. D	975 b-d
Bulletin des Recherches Agronomiques de Gembloux - Bis 1965 (Band 33, Nr. 4): Bulletin de l'Institut Agronomique et des Stations de Recherches de Gembloux)	Bull. Rech. agronom. Gembloux	2582
Bulletin of the Research Institute of Mineral Dressing and Metallurgy. Tohoku University	Bull. Res. Inst. Mineral Dressing Metallurgy, Tohoku Univ.	2132
Bulletin Scientifique [Zagreb]. Section A: Sciences Naturelles, Techniques et Médicales	Bull. Sci. [Zagreb], Sect. A	3960
Bulletin de la Société des Amis des Sciences et des Lettres de Poznań. ... Série B: Sciences Mathématiques et Naturelles ... Série C: Médecine ... Série D: Sciences Biologiques	Bull. Soc. Amis Sci. Lettres Poznań, Sér. B Sér. C Sér. D	103 a-c
Bulletin de la Société Belge de Géologie, de Paléontologie et d'Hydrologie	Bull. Soc. belge Géol., Paléontol. Hydrol.	2192
Bulletin de la Société de Chimie Biologique	Bull. Soc. Chim. biol.	102
Bulletin de la Société Chimique de France	Bull. Soc. chim. France	101
Bulletin de la Société Française de Céramique - Mit Supplement: Mémoires de la Société Française de Céramique	Bull. Soc. franç. Céram.	3826
Bulletin de la Société Française de Minéralogie et de Cristallographie	Bull. Soc. franç. Minéralog. Cristallogr.	104
Bulletin de la Société Géologique de France	Bull. Soc. géol. France	896a
Bulletin de la Société Industrielle de Mulhouse	Bull. Soc. ind. Mulhouse	106
Bulletin de la Société de Pharmacie de Bordeaux	Bull. Soc. Pharmac. Bordeaux	110
Bulletin de la Société Royale des Sciences de Liège	Bull. Soc. roy. Sci. Liège	1338
Bulletin des Sociétés Chimiques Belges	Bull. Soc. chim. belges	100
Bulletin de la Société Vaudoise des Sciences Naturelles	Bull. Soc. vaudoise Sci. natur.	608a
Bulletin of the Tokai-Kinki National Agricultural Experiment Station	Bull. Tokai-Kinki nat. agric. Exp. Stat.	2025
Bulletin of the Tokyo Institute of Technology	Bull. Tokyo Inst. Technol.	1353

Bulletin of University of Osaka Prefecture. Series A. Engineering and Natural Sciences	Bull. Univ. Osaka Prefect., Ser. A	4136
Bulletin Volcanologique [Napoli]	Bull. volcanol. [Napoli]	1128
Bulletin Vyskumného Ústavu Papieru a Celulózy (Bulletin des Forschungsinstituts für Papier und Zellulose)	Bull. vyskumného Ústavu Papieru Celulózy	2368
Bumažnaja Promyšlennost'	Bumaž. Prom.	62r
Bumažnaja i Derevoobrabatyvajuščaja Promyšlennost' - Ab 1966, Nr. 1: Lisova, Paperova i Derevoobrobna Promyslovist'	Bumaž. derevoobrabatyvajuščaja Prom.	403r
Café, Cacao, Thé	Café, Cacao, Thé	3825a
Cahiers de Physique	Cahiers de Physique	1683
California Agriculture	Calif. Agric.	3871
Calore - Mit Beilage: Bolletino per gli Operai Adetti agli Impianti Termici	Calore	3395
Camera [Luzern]	Camera [Luzern]	3419
Canadian Journal of Animal Science	Canad. J. Animal Sci.	335a
Canadian Journal of Biochemistry	Canad. J. Biochem.	404e
Canadian Journal of Chemical Engineering	Canad. J. chem. Engng.	404f
Canadian Journal of Chemistry	Canad. J. Chem.	404b
Canadian Journal of Earth Sciences	Canad. J. Earth Sci.	2450
Canadian Journal of Microbiology	Canad. J. Microbiol.	404g
Canadian Journal of Physics	Canad. J. Physics	404a
Canadian Journal of Physiology and Pharmacology	Canad. J. Physiol. Pharmacol.	2343
Canadian Journal of Plant Science	Canad. J. Plant Sci.	335b
Canadian Journal of Soil Science	Canad. J. Soil Sci.	335c
Canadian Metallurgical Quarterly	Canad. metallurg. Quart.	2429
Canadian Mineralogist	Canad. Mineralogist	4222
Canadian Mining Journal	Canad. Mining J.	2643
Canadian Mining and Metallurgical Bulletin	Canad. Mining metallurg. Bull.	402
Canadian Spectroscopy	Canad. Spectroscopy	2456
Canadian Textile Journal	Canad. Textile J.	2644
Cancer [Philadelphia]	Cancer [Philadelphia]	1851
Cancer Research	Cancer Res.	1633
Carbohydrate Research [Amsterdam]	Carbohydrate Res. [Amsterdam]	2489
Carbon [Oxford]	Carbon [Oxford]	2286
Časopis pro Mineralogii a Geologii (Zeitschrift für Mineralogie und Geologie)	Časopis Mineralog. Geol.	2076
Cebelcor Rapport Technique [Centre Belge d'Étude de la Corrosion]	Cebelcor, Rapp. techn.	4004

Cellulosa e Carta	Cellulosa e Carta	3935
Celuloză şi Hîrtie (Zellulose und Papier)	Celuloză şi Hîrtie	3961b
Cement	Cement	82r
Cement [Zagreb]	Cement [Zagreb]	2431
Cement, Lime & Gravel	Cement, Lime Gravel	2946
Cement - Wapno - Gips (Zement - Kalk - Gips)	Cement-Wapno-Gips	4017
Central Glass & Ceramic Research Institute, Bulletin [Calcutta]	Centr. Glass ceram. Res. Inst., Bull. [Calcutta]	4207
Central Mining Institute. Annual Report [Katowice]	Centr. Mining Inst., annu. Rep. [Katowice]	2558
Cereal Chemistry	Cereal Chem.	129
Cereal Science Today	Cereal Sci. today	4046
Československá Dermatologie	Českoslov. Dermatol.	939
Československá Farmacie	Českoslov. Farmac.	1736
Československý Časopis pro Fysiku. Sekce A (Tschechoslowakische Zeitschrift für Physik. Sektion A)	Českoslov. Časopis Fysiku, Sekce A	1949
Chalmers Tekniska Högskolas Handlingar	Chalmers Tekn. Högskolas Handl.	1450
Chemia Analityczna [Warszawa]	Chem. analit. [Warszawa]	4091
Chemia Stosowana (Angewandte Chemie). ... Seria A ... Seria B	Chem. stosowana, Ser. A Ser. B	2115 a+b
Chemical Age of India	Chem. Age India	2387
Chemical Communications	Chem. Commun.	2401
Chemical Engineering	Chem. Engng.	2650
Chemical Engineering Progress	Chem. Engng. Progr.	3760
Chemical Engineering Science - Mit Supplement: Chemical Reaction Engineering. Proceedings of the Third European Symposium, Amsterdam	Chem. Engng. Sci.	3734
Chemical Engineer. Transactions of the Institution of Chemical Engineers	Chem. Engr., Trans. Instn. chem. Engr.	361
Chemical Oceanography		2495
Chemical and Pharmaceutical Bulletin [Tokyo]	Chem. pharmac. Bull. [Tokyo]	1913
Chemical & Process Engineering	Chem. Process Engng.	3843
Chemical Reaction Engineering. Proceedings of the Third European Symposium, Amsterdam 1964 - Supplement zu: Chemical Engineering Science	Chem. React. Engng., Proc. third europ. Sympos., Amsterdam 1964	3734a
Chemical Reviews	Chem. Reviews	132
Chemické Listy (Chemische Blätter)	Chem. Listy	2657
Chemické Zvesti (Chemische Nachrichten)	Chem. Zvesti	1783
Chemický Průmysl (Chemische Industrie)	Chem. Průmysl	2658
Chemie der Erde	Chem. d. Erde	133
Chemiefasern	Chemiefasern	3852
Chemie-Ingenieur-Technik	Chemie-Ing.-Techn.	2661

Chemik [Warszawa] (Chemiker)	Chemik [Warszawa]	4007
Chemiker-Zeitung - Chemische Apparatur - Mit den Sonderteilen: 1) Chemie-Börse und 2) Unfallschutz im Chemiebetrieb	Chemiker-Ztg. - Chem. Apparatur	2659
Chemische Berichte	Chem. Ber.	72
Chemische Rundschau [Solothurn]	Chem. Rdsch. [Solothurn]	3859
Chemische Technik	Chem. Techn.	3807
Chemisch Weekblad	Chem. Weekbl.	2665
Chemist-Analyst	Chemist-Analyst	136
Chemistry in Britain	Chem. in Britain	2398
Chemistry in Canada	Chem. in Canada	3898
Chemistry and Chemical Industry (Kagaku to Kogyo)	Chem. and chem. Ind. [Kagaku to Kogyo]	1709
Chemistry of High Polymers [Tokyo]	Chem. High Polymers [Tokyo]	1813
Chemistry and Industry	Chem. and Ind.	2762a
Chemotherapia [Basel]	Chemotherapia [Basel]	4191
Chigiena [Sofija] - Ab Band 9, Nr. 1 (1966): Chigiena i Zdraveopazvane [Sofija]	Chigiena [Sofija]	348r
Chigiena i Zdraveopazvane [Sofija] - Bis Band 8, Nr. 6 (1965): Chigiena [Sofija]	Chig. i Zdraveopazvane [Sofija]	348r
Chimia [Aarau, Schweiz]	Chimia [Aarau, Schweiz]	3785
Chimica [Milano]	Chimica [Milano]	3352
Chimica e l'Industria [Milano] - Mit Supplement: Ingegneria Chimica Italiana	Chim. e Ind. [Milano]	2727
Chimičeskaja Promyšlennost'	Chim. Prom.	13r
Chimičeskaja Promyšlennost' Ukrainy	Chim. Prom. Ukrainy	406r
Chimičeskie Volokna	Chim. Volokna	365r
Chimičeskoe i Neftjanoe Mašinostroenie	Chim. neftjanoe Mašinostroenie	79r
Chimična Promyslovist' - Ab 1966, Nr. 1: Chimična Promyslovist' Ukraïny	Chimična Promyslovist'	406r
Chimična Promyslovist' Ukraïny - Ab 1966, Nr. 3: Chimičeskaja Promyšlennost' Ukrainy	Chimična Promyslovist' Ukraïny	406r
Chimie Analytique	Chim. analytique	29
Chimie et Industrie - Mit Supplement: Génie Chimique - Ab Band 95, Nr. 3: Chimie et Industrie. Génie Chimique	Chim. et Ind.	2669
Chimie et Industrie. Génie Chimique - Bis Band 95, Nr. 2: 1) Chimie et Industrie und 2) Génie Chimique	Chim. Ind., Génie chim.	2669
Chimie Moderne	Chim. mod.	2172
Chimie des Peintures	Chim. Peintures	2655
Chimie et Technique	Chim. et Techn.	4013

Chimie Thérapeutique	Chim. thérapeut.	2575
Chimija Geterocikličeskich Soedinenij	Chim. geterocikličeskich Soedinenij	425r
Chimija Prirodnych Soedinenij	Chim. prirodnych Soedinenij	424r
Chimija v Sel'skom Chozjajstve	Chim. v sel'skom Choz.	431r
Chimija i Technologija Topliv i Masel	Chim. Technol. Topliv Masel	335r
Chimika Chronika [Athen] - Mit Sonderteil: Oikonomikotechnikon Epaggelmatikon (Wirtschaftstechnische Nachrichten)	Chim. Chron. [Athen]	4287
Chlebopekarnaja i Konditerskaja Promyšlennost'	Chlebopekarnaja konditerskaja Prom.	356r
Chlopkovodstvo	Chlopkovodstvo	262r
Cholodil'naja Technika	Cholod. Techn.	111r
Chromatographic Reviews [Amsterdam]		2478
Chymia [Philadelphia]	Chymia [Philadelphia]	1594
Ciencia [Mexico]	Ciencia [Mexico]	3624
Ciba-Rundschau	Ciba-Rdsch.	1586
Circulation [New York]	Circulation [New York]	1921
Citologija	Citologija	398r
Citrus Industry	Citrus Ind.	3369
Clay Minerals	Clay Minerals	2149
Clinica Chimica Acta [Amsterdam]	Clin. chim. Acta [Amsterdam]	1994
Clinical Chemistry [New York]	Clin. Chem. [New York]	4194
Clinical Pharmacology and Therapeutics	Clin. Pharmacol. Therapeutics	4241
Clinical Science	Clin. Sci.	929
Cold Spring Harbor Symposia on Quantitative Biology	Cold Spring Harbor Sympos. quantitat. Biol.	3491
Collection of Czechoslovak Chemical Communications	Collect. czechoslov. chem. Commun.	138
Colloques Internationaux du Centre National de la Recherche Scientifique. Adsorption et Croissance Cristalline, Nancy 1965	Colloques int. Centre nat. Rech. sci., Adsorpt. Croissance Cristalline, Nancy 1965	2562
I. Coloquio Internacional sobre las Obras Publicas en los Terrenos Yesiferos. Comunicaciones, Madrid-Zaragoza-Sevilla 1962	I. Coloquio int. Obras publ. Terrenos yesiferos, Comun., Madrid-Zaragoza-Sevilla 1962	2500
Color Engineering	Color Engng.	2491
Combustion and Flame	Combust. and Flame	4088
Commonwealth Scientific and Industrial Research Organization, Australia. ... Division of Building Research. Technical Paper ... Division of Entomology. Technical Paper ... Division of Forest Products. Technological Paper	Commonwealth sci. ind. Res. Organizat., Australia, Divis. Building Res., techn. Pap. Divis. Entomol., techn. Pap. Divis. Forest Products, technol. Pap.	666 d_2, e h, i_2, j, o, q

... Division of Land Research and Regional Survey. Technical Paper	Divis. Land Res. regional Surv., techn. Pap.	
... Division of Mathematical Statistics. Technical Paper	Divis. math. Statistics, techn. Pap.	
... Division of Soils. Soils and Land Use Series	Divis. Soils, Soils Land Use Ser.	
... National Standards Laboratory. Technical Paper	nat. Standards Lab., techn. Pap.	
Communications de la Faculté des Sciences de l'Université d'Ankara. ... Série A: Mathématique, Physique et Astronomie ... Série B: Chimie ... Série C: Sciences Naturelles	Commun. Fac. Sci. Univ. Ankara, Sér. A Sér. B Sér. C	1702 a-c
Comparative Biochemistry and Physiology	Comparat. Biochem. Physiol.	4200
Compte Rendu du Symposium sur le Contact du Verre Chaud avec le Métal, Scheveningen 1964	C. R. Sympos. Contact Verre chaud Métal, Scheveningen 1964	4211
Comptes Rendus Hebdomadaires des Séances de l'Académie d'Agriculture de France	C. R. hebd. Séances Acad. Agric. France	500
Comptes Rendus Hebdomadaires des Séances de l'Académie des Sciences - Ab Band 262, Nr. 1 (1966): Comptes Rendus Hebdomadaires des Séances de l'Académie des Sciences. Séries A et B: Sciences Mathématiques et Physiques; Série C: Sciences Chimiques; Série D: Sciences Naturelles	C. R. hebd. Séances Acad. Sci.	2671
Comptes Rendus Hebdomadaires des Séances de l'Académie des Sciences. ... Séries A et B: Sciences Mathématiques et Physiques ... Série C: Sciences Chimiques ... Série D: Sciences Naturelles - Bis Band 261, Nr. 25 (1965): Comptes Rendus Hebdomadaires des Séances de l'Académie des Sciences	C. R. hebd. Séances Acad. Sci., Sér. A et B Sér. C Sér. D	2671 a-c
Comptes Rendus des Séances de la Société de Biologie et de ses Filiales	C. R. Séances Soc. Biol. Filiales	142
Comptes Rendus des Travaux du Laboratoire Carlsberg	C. R. Trav. Lab. Carlsberg	143
Construcţia de Maşini (Maschinenbau)	Construcţ. Maşini	5543a
Contemporary Physics	Contemporary Physics	2222
Contributions from Boyce Thompson Institute	Contr. Boyce Thompson Inst.	1077
Contributions to Mineralogy and Petrology [Berlin] - Bis Band 11, Nr. 7 (1965): Beiträge zur Mineralogie und Petrographie	Contr. Mineralog. Petrol. [Berlin]	1525
Corrosion [Houston]	Corrosion [Houston]	3816
Corrosion et Anticorrosion	Corrosion et Anticorrosion	3979
Corrosion Prevention and Control - Mit Sonderteil: Corrosion Engineer	Corrosion Prevent. Control	4055
Corrosion Science	Corrosion Sci.	5725

Corrosion Technology [London] - Ab 1966 (Band 1, Nr. 1): Anti-Corrosion. Methods and Materials	Corrosion Technol. [London]	2114
Croatica Chemica Acta	Croat. chem. Acta	1658
Cryogenics	Cryogenics	5740
Cuivre, Laitons, Alliages	Cuivre, Laitons, Alliages	3887
Cukoripar [Zuckerindustrie, Budapest]	Cukoripar [Zuckerindustrie, Budapest]	3870
Cuoio-Pelli-Materie Concianti	Cuoio-Pelli-Mater. concianti	90
Current Science [Bangalore]	Current Sci. [Bangalore]	140
Cvetnye Metally	Cvetnye Metally	27r
Czechoslovak Journal of Physics. Section B	Czechoslov. J. Physics, Sect. B	2077

Dansk Kemi	Dansk Kemi	2769
Defektoskopija	Defektoskopija	574r
Department of Mines and Technical Surveys. Geological Survey of Canada ... Bulletin ... Economic Geology Report	Dep. Mines techn. Surv., geol. Surv. Canada, Bull. econ. Geol. Rep.	783 b+c
Department of Mines and Technical Surveys, Ottawa. Mines Branch. ... Information Circular ... Research Report ... Technical Bulletin	Dep. Mines techn. Surv., Ottawa, Mines Branch, Inform. Circ. Res. Rep. techn. Bull.	2467 a-c
Derevoobrabatyvajuščaja Promyšlennost'	Derevoobrabatyvajuščaja Prom.	277r
Dermatologica [Basel]	Dermatologica [Basel]	874
Deutsche Akademie der Wissenschaften zu Berlin, Forschungsgemeinschaft. Über Wissenschaftliche Grundlagen der Modernen Technik. Reihe A: Tagungen	Dtsch. Akad. Wiss. Berlin, Forsch.-Gemeinsch., wiss. Grundlagen mod. Techn., Reihe A: Tagungen	5738
Deutsche Apotheker-Zeitung Vereinigt mit Süddeutsche Apotheker-Zeitung - Mit den Beilagen: 1) Krankenhaus-Apotheke, 2) Zur Geschichte der Pharmazie, 3) Neue Arzneimittel und Spezialitäten, 4) Die Apothekenhelferin, 5) Praktikantenbriefe, 6) Das Aktuelle Schaufenster und 7) Apotheker und Kunst	Dtsch. Apotheker-Ztg.	2895
Deutsche Farben-Zeitschrift - Mit Beilage: Blätter für den Nachwuchs	Dtsch. Farben-Z.	3736
Deutsche Goldschmiede-Zeitung - Ab Band 64, Nr. 1 (1966): Goldschmiede-Zeitung	Dtsch. Goldschmiede-Ztg.	2681
Deutsche Hydrographische Zeitschrift	Dtsch. hydrogr. Z.	5419
Deutsche Landwirtschaft - Mit Beilage: Ländliche Bauberatung	Dtsch. Landwirtsch.	3699

Deutsche Lebensmittel-Rundschau	Dtsch. Lebensmittel-Rdsch.	2683
Deutsche Medizinische Wochenschrift	Dtsch. med. Wschr.	2682
Deutsche Textiltechnik	Dtsch. Textiltechn.	3867
Deutsche Zeitschrift für die Gesamte Gerichtliche Medizin	Dtsch. Z. ges. gerichtl. Med.	149
Deutsche Zeitschrift für Verdauungs- und Stoffwechselkrankheiten	Dtsch. Z. Verdauungs- u. Stoffwechselkrankh.	1302
DEW-Technische Berichte [Deutsche Edelstahlwerke]	DEW-techn. Ber.	5635
Dissertationes Pharmaceuticae [Warszawa] - Ab Band 18, Nr. 1 (1966): Dissertationes Pharmaceuticae et Pharmacologicae [Warszawa]	Dissertat. pharmac. [Warszawa]	2033
Dissertationes Pharmaceuticae et Pharmacologicae [Warszawa] - Bis Band 17, Nr. 4 (1965): Dissertationes Pharmaceuticae [Warszawa]	Dissertat. pharmac. pharmacol. [Warszawa]	2033
Doklady Akademii Nauk Armjanskoj SSR	Doklady Akad. Nauk Arm. SSR	304r
Doklady Akademii Nauk Azerbajdžanskoj SSR	Doklady Akad. Nauk Azerbajdž. SSR	308r
Doklady Akademii Nauk Belorusskoj SSR	Doklady Akad. Nauk Belo-russ. SSR	360r
Doklady Akademii Nauk SSSR	Doklady Akad. Nauk SSSR	12r
Doklady Bolgarskoj Akademii Nauk	Doklady bolgarskoj Akad. Nauk	305r
Dopovidi Akademiï Nauk Ukraïns'koï RSR	Dopovidi Akad. Nauk Ukr. RSR	201r
Draht-Welt - Mit Beilage: Schrauben Muttern Formteile	Draht-Welt	3208
Drevársky Výskum (Holzforschungsberichte)	Drevársky Výskum	2339
Dyes and Chemicals Technical Bulletin (Du Pont)	Dyes Chemicals techn. Bull. (Du Pont)	3918
Dyestuffs	Dyestuffs	150

Economic Geology and the Bulletin of the Society of Economic Geologists	Econ. Geol.	425
Eczacilik Bülteni (Bulletin of Pharmacy)	Eczacilik Bül. [Bull. Pharmacy]	2399
Electrochemical Technology	Electrochem. Technol.	1590a
Education in Chemistry	Educat. in Chem.	2290
Electrochimica Acta [London]	Electrochim. Acta [London]	4127
Electroplating and Metal Finishing	Electroplating Metal Finishing	5216
Elektrie - Mit Beilage: Elektrofertigung und Sonderteil: Umschau	Elektrie	3743

Ėlektrochimija	Ėlektrochimija	423r
Ėlektronnaja Obrabotka Materialov	Ėlektronnaja Obrabotka Mater.	578r
Élelmezési Ipar (Lebensmittel-Industrie)	Élelmezési Ipar [Lebensmittel-Ind.]	3946
Élelmiszervizsgálati Közlemények (Lebensmittelanalytische Mitteilungen)	Élelmiszervizsgálati Közlemények [Lebensmittel-analyt. Mitt.]	2199
Endeavour	Endeavour	3685
Endocrinology	Endocrinology	152
Endokrinologie	Endokrinologie	463
Energia és Atomtechnika (Energie und Atomtechnik)	Energia és Atomtechn.	3995
Énergie Nucléaire	Énergie nucléaire	4059
Energietechnik	Energietechnik	3751b
Engelhard Industries, Inc. Technical Bulletin	Engelhard Ind., Inc., techn. Bull.	4230
Engenharia, Mineração e Metalurgia	Engenharia, Mineração Metalurg.	3265
Entomologia Experimentalis et Applicata [Amsterdam]	Entomol. exp. appl. [Amsterdam]	2574
Enzymologia. Acta Biocatalytica [Den Haag]	Enzymologia [Den Haag]	718
Építőanyag (Baumaterial)	Építőanyag [Baumaterial]	3988
Erdoel - Erdgas - Zeitschrift [Wien]	Erdoel-Erdgas-Z. [Wien]	2606a
Erdöl und Kohle - Erdgas - Petrochemie	Erdöl Kohle-Erdgas-Petrochem.	3079
Ergebnisse der Exakten Naturwissenschaften	Ergebn. exakt. Naturwiss.	1073
Ergebnisse der Mikrobiologie, Immunitätsforschung und Experimentellen Therapie	Ergebn. Mikrobiol., Immunitätsforsch. exp. Therap.	1454
Ergebnisse der Physiologie, Biologischen Chemie und Experimentellen Pharmakologie	Ergebn. Physiol., biol. Chem. exp. Pharmakol.	1104
Ernährungsforschung	Ernährungsforschung	2001
ESAB's Svetsaren [Elektriska Svetsningaktiebolaget]	ESAB's Svetsaren	2533
Essenze Derivati Agrumari	Essenze Deriv. Agrumari	89
EuroNuclear	EuroNuclear	2526
European Brewery Convention. Proceedings of the Congress	Europ. Brewery Convent., Proc. Congr.	1999
European Polymer Journal	Europ. Polymer J.	2585
Experientia [Basel]	Experientia [Basel]	3749
Experimental Agriculture	Exp. Agric.	658
Experimental Brain Research [Berlin]	Exp. Brain Res. [Berlin]	2523
Experimental Cell Research	Exp. Cell Res.	1613
Experimental Eye Research	Exp. Eye Res.	2372
Experimental Parasitology	Exp. Parasitology	1729
Experimentelle Technik der Physik	Exp. Techn. Physik	5304
Explosifs [Bruxelles]	Explosifs [Bruxelles]	3916

Explosivstoffe	Explosivstoffe	2927
Exposés Annuels de Biochimie Médicale	Exposés annu. Biochim. méd.	2254
Färber-Zeitung. Chemischreiniger und Färber	Färber-Ztg.	3598
Färgeriteknik	Färgeriteknik	3039
Farbe	Farbe	1785
Farbe und Lack	Farbe u. Lack	2705
Farmaceutický Obzor (Pharmazeutische Rundschau)	Farmac. Obzor	1841
Farmaceutski Glasnik (Pharmazeutische Berichte)	Farmac. Glasnik	1652
Farmacevtski Vestnik [Ljubljana] (Pharmazeutischer Anzeiger)	Farmac. Vestnik [Ljubljana]	2202
Farmacevtyčnyj Žurnal	Farmacevtyčnyj Ž.	22r
Farmacia [Bucureşti]	Farmacia [Bucureşti]	2080
Farmacija [Sofija]	Farmacija [Sofija]	321r
Farmacja Polska (Polnische Pharmazie)	Farmacja Polska	3836
Farmaco [Pavia]. ... Edizione Pratica ... Edizione Scientifica	Farmaco [Pavia], Ediz. prat. Ediz. sci.	1700 a+b
Farmakologija i Toksikologija	Farmakol. i Toksikol.	196r
Farmaseuttinen Aikakauslehti (Farmaceutiskt Notisblad)	Farmaseuttinen Aikakauslehti [Farmac. Notisbl.]	1929
Faserforschung und Textiltechnik	Faserforsch. u. Textiltechn.	3835
Federation Proceedings	Federat. Proc.	1771
Fermentatio [Gand]	Fermentatio [Gand]	483
Fermentnaja i Spirtovaja Promyšlennost'	Fermentnaja spirtovaja Prom.	16r
Festkörperprobleme	Festkörperprobleme	2019
Fette, Seifen, Anstrichmittel Verbunden mit der Zeitschrift "Die Ernährungsindustrie"	Fette, Seifen, Anstrichmittel	3061
Fibre e Colori	Fibre e Colori	3844
Finska Kemistsamfundets Meddelanden (Suomen Kemistiseuran Tiedonantoja)	Finska Kemistsamfundets Medd.	156
Fizikai Szemle (Physikalische Rundschau)	Fizikai Szemle [Physik. Rdsch.]	4065
Fizika Metallov i Metallovedenie	Fiz. Metallov Metallovedenie	326r
Fizika Tverdogo Tela	Fiz. tverdogo Tela	397r
Fiziko-Chimičeskaja Mechanika Materialov	Fiz.-chim. Mech. Mater.	429r
Fiziologičeskij Žurnal SSSR imeni I. M. Sečenova	Fiziol. Ž. SSSR im. I. M. Sečenova	106r
Fiziologičnyj Žurnal	Fiziol. Ž.	310r
Fiziologija Rastenij	Fiziol. Rast.	376r

Fleischwirtschaft	Fleischwirtschaft	3804
Flora [Jena]. Abt. A. Physiologie und Biochemie Abt. B. Morphologie und Geobotanik	Flora [Jena], Abt. A Abt. B	927 a+b
Flüssiges Obst	Flüssiges Obst	3942
Földtani Közlöny (Geologische Mitteilungen)	Földtani Közlöny [Geol. Mitt.]	419
Folia Biologica [Praha]	Folia biol. [Praha]	4125
Folia Endocrinologica Japonica	Folia endocrinol. japon.	158
Folia Haematologica [Leipzig]	Folia haematol. [Leipzig]	473
Folia Microbiologica [Praha]	Folia microbiol. [Praha]	2074
Folia Pharmacologica Japonica	Folia pharmacol. japon.	1149
Fonderia Italiana	Fonderia ital.	3920
Fonderie	Fonderie	3042
Fonderie Belge	Fonderie belge	3185
Food Manufacture	Food Manufact.	2709
Food Preservation Quarterly	Food Preservat. Quart.	2118
Food Technology	Food Technol.	3980
Forschungen und Fortschritte	Forsch. u. Fortschr.	3435
Forschungsberichte des Landes Nordrhein-Westfalen	Forsch.-Ber. Landes Nordrhein-Westfalen	3969
Forschungsinstitut für Roheisenerzeugung, Unterwellenborn. Vortragsreihe	Forsch.-Inst. Roheisenerzeug., Unterwellenborn, Vortragsr.	2557
Fortschritte der Arzneimittelforschung		2363
Fortschritte der Botanik	Fortschr. Bot.	1734
Fortschritte der Chemie Organischer Naturstoffe [Wien]	Fortschr. Chem. org. Naturstoffe [Wien]	1325
Fortschritte der Chemischen Forschung	Fortschr. chem. Forsch.	1585
Fortschritte der Physik	Fortschr. Physik	1800
Fortschritte der Wasserchemie und ihrer Grenzgebiete	Fortschr. Wasserchem. Grenzgebiete	2485
Fortschrittsberichte für die Landwirtschaft	Fortschr.-Ber. Landwirtsch.	2391
Fotografie	Fotografie	3725
France et ses Parfums	France et ses Parfums	2144
Fraunhofer-Gesellschaft zur Förderung der Angewandten Forschung E.V. Beispiele Angewandter Forschung	Fraunhofer-Ges. Förder. angew. Forsch. E.V., Beispiele angew. Forsch.	2173
Freiberger Forschungshefte. ... Reihe A. Bergbau, Aufbereitung und Verwertung Bergbaulicher Rohstoffe ... Reihe B. Metallurgie ... Reihe C. Geowissenschaften ... Reihe D. Kultur und Technik - Beihefte zur Zeitschrift: Bergakademie	Freiberger Forsch.-H., Reihe A Reihe B Reihe C Reihe D	3873 a-d
Fruchtsaft-Industrie	Fruchtsaft-Ind.	2022
Fuel	Fuel	2715
Fuel Economy	Fuel Econ.	3149

Fukuoka Acta Medica (Fukuoka-Igaku-Zassi)	Fukuoka Acta med. [Fukuoka-Igaku-Zassi]	1107
Fuller and Better Utilisation of Hides [Madras, India]	Fuller better Utilisat. Hides [Madras, India]	2520
Fysisk Tidsskrift	Fysisk Tidsskr.	585
Galvano [Paris]	Galvano [Paris]	3110
Galvanotechnik - Mit: Galvano-Referate	Galvanotechnik	2852
Galvanotechnik und Oberflächenschutz [Zürich]	Galvanotechn. u. Oberflächenschutz [Zürich]	4219
Galvanotecnica [Varese]	Galvanotecnica [Varese]	1916
Gann. The Japanese Journal of Cancer Research	Gann, Jap. J. Cancer Res.	781
Gartenbauwissenschaft	Gartenbauwissenschaft	1209
Gas [Roma]	Gas [Roma]	4050
Gas Chromatography. International Symposium Held Under the Auspices of the Analysis Instrumentation Division of the Instrument Society of America	Gas Chromatogr., int. Sympos.	2373
Gas- und Wasserfach. Ausgabe Gas-Erdgas bzw. Ausgabe Wasser-Abwasser - Mit Sonderteil: Bau und Betrieb	Gas- u. Wasserfach, Ausg. Gas-Erdgas bzw. Ausg. Wasser-Abwasser	2720
Gazeta Cukrownicza (Zucker-Zeitung)	Gaz. Cukrownicza	697
Gazovaja Promyšlennost'	Gazovaja Prom.	336r
Gaz, Woda i Technika Sanitarna (Gas, Wasser und Sanitäre Technik)	Gaz, Woda Techn. sanit.	3190
Gazzetta Chimica Italiana	Gazz. chim. ital.	163
Gazzetta Medica Italiana	Gazz. med. ital.	3981
Génie Chimique - Supplement zu: Chimie et Industrie - Ab Band 95, Nr. 3: Chimie et Industrie. Génie Chimique	Génie chim.	2669c
Geochimica et Cosmochimica Acta [London]	Geochim. cosmochim. Acta [London]	1632
Geochimija	Geochimija	338r
Geological Magazine	Geol. Mag.	164
Geologičnyj Žurnal	Geol. Ž.	202r
Geologie - Mit: Beiheft zur Zeitschrift Geologie	Geologie	1723
Geologija i Geofizika	Geol. i Geofiz.	396r
Geologija Nefti i Gaza	Geol. Nefti Gaza	372r
Geologija Rudnych Mestoroždenij	Geol. rudnych Mestoroždenij	367r
Geologische Rundschau	Geol. Rdsch.	1555
Geologisches Jahrbuch	Geol. Jb.	2071
Gesammelte Berichte aus Betrieb und Forschung der Ruhrgas Aktiengesellschaft	Gesammelte Ber. Betr. Forsch. Ruhrgas A.-G.	3364

Gesundheits-Ingenieur	Gesundheits-Ing.	2723
Ghana Journal of Science	Ghana J. Sci.	2353
Gidroliznaja i Lesochimičeskaja Promyšlennost'	Gidroliznaja lesochim. Prom.	311r
Giesserei	Giesserei	2725
Giessereipraxis	Giessereipraxis	2796
Giessereitechnik	Giessereitechnik	3739b
Giesserei. Technisch-Wissenschaftliche Beihefte	Giesserei, techn.-wiss. Beih.	2725a
Gigiena i Sanitarija	Gig. i San.	224r
Gigiena Truda i Professional'nye Zabolevanija	Gig. Truda profess. Zabolevanija	430r
Giornale di Microbiologia	Giorn. Microbiol.	4178
G-I-T Fachzeitschrift für das Laboratorium (Glas- und Instrumenten-Technik)	G-I-T Fachz. Lab.	4056
Glas-Email-Keramo-Technik	Glas-Email-Keramo-Techn.	3895
Glasnik Chemiskog Društva Beograd	Glasnik chem. Društva Beograd	163r
Glasshouse Crops Research Institute. Annual Report	Glasshouse Crops Res. Inst., annu. Rep.	1080a
Glass Industry	Glass Ind.	2729
Glass Technology	Glass Technol.	237a
Glastechnische Berichte	Glastechn. Ber.	2726
Glasteknisk Tidskrift	Glastekn. Tidskr.	4010
Glückauf	Glückauf	2731
Godišnik na Chimiko-Technologičeskija Institut [Sofija]	Godiš. chim.-technol. Inst. [Sofija]	353r
Godišnik na Minno-Geoložkija Institut [Sofija]	Godiš. minno-geol. Inst. [Sofija]	354r
Godišnik na Sofijskija Universitet. ... Chimičeski Fakultet ... Fizičeski Fakultet	Godiš. Sofijskija Univ., chim. Fak. fiz. Fak.	167r c+d
Godišnik na Visšite Techničeski Učebni Zavedenija Fizika [Sofija]	Godiš. visšite techn. Učebni Zavedenija fiz. [Sofija]	446r
Goldschmiede-Zeitung - Bis Band 63, Nr. 12 (1965): Deutsche Goldschmiede-Zeitung	Goldschmiede-Ztg.	2681
Gordian [Hamburg]. Zeitschrift für Nahrungs- und Genußmittel - Bis Band 65, Nr. 1561/62 (1965): Gordian [Hamburg]. Zeitschrift für Nahrungs- und Genussmittel, insbesondere Kakao, Schokolade, Zucker- und Dauerbackwaren, Speise-Eis sowie alle Hilfsstoffe	Gordian [Hamburg]	4031
Gordian [Hamburg]. Zeitschrift für Nahrungs- und Genussmittel, insbesondere Kakao, Schokolade, Zucker- und Dauerbackwaren, Speise-Eis sowie alle Hilfsstoffe - Ab Band 66, Nr. 1563 (1966): Gordian [Hamburg]. Zeitschrift für Nahrungs- und Genußmittel	Gordian [Hamburg]	4031

Gornyj Žurnal	Gor. Ž.	43r
Grasas y Aceites	Grasas y Aceites	2232
Gummi - Asbest - Kunststoffe	Gummi-Asbest-Kunststoffe	3769
Gyógyszerészet (Pharmazie)	Gyógyszerészet [Pharmazie]	4047
Gypsum & Lime [Tokyo]	Gypsum & Lime [Tokyo]	1890
Hakko-Kogaku Zasshi (Journal of Fermentation Technology)	Hakko-Kogaku Zasshi [J. Fermentat. Technol.]	2490
Health Physics	Health Physics	2262
Heating, Piping and Air Conditioning	Heating, Piping Air Condit.	3244
Helvetica Chimica Acta	Helv. chim. Acta	171
Helvetica Medica Acta	Helv. med. Acta	1474
Helvetica Medica Acta. Supplementum	Helv. med. Acta, Suppl.	1474a
Helvetica Physica Acta	Helv. physica Acta	172
Helvetica Physiologica et Pharmacologica Acta - Mit Sonderteil: Verhandlungen des Schweizerischen Vereins für Physiologie, Physiologische Chemie und Pharmakologie (Comptes Rendus de la Société Suisse de Physiologie, Chimie Physiologique et Pharmacologie)	Helv. physiol. pharmacol. Acta	1568
Herba Hungarica	Herba hung.	2260
Herba Polonica	Herba polon.	2020
Hermsdorfer Technische Mitteilungen	Hermsdorfer techn. Mitt.	5631
Hidrológiai Közlöny (Zeitschrift für Hydrologie)	Hidrol. Közlöny [Z. Hydrol.]	888
Hikaku Kagaku (Leder-Wissenschaft)	Hikaku Kagaku [Leder-Wiss.]	4296
Hilgardia	Hilgardia	530
Hilger Journal	Hilger J.	2116
Histochemie	Histochemie	2177
Holzforschung	Holzforschung	3724
Holzforschung und Holzverwertung [Wien]	Holzforsch. u. Holzverwert. [Wien]	3991
Holz als Roh- und Werkstoff	Holz Roh- u. Werkstoff	3410
Holztechnologie	Holztechnologie	2541
Hoppe-Seyler's Zeitschrift für Physiologische Chemie	Hoppe-Seyler's Z. physiol. Chem.	393
Hrana i Ishrana (Nahrung und Ernährung)	Hrana i Ishrana	2498
Hutnické Listy (Hüttentechnische Blätter)	Hutnické Listy	3892
Hutnik (Hüttenarbeiter)	Hutnik	3245
Hydrocarbon Fuel Cell Technology	Hydrocarbon Fuel Cell Technol.	2572
Hydrocarbon Processing & Petroleum Refiner	Hydrocarbon Processing Petroleum Refiner	2861

Imono. Journal of the Japan Foundrymen's Society	Imono, J. Japan Foundrymen's Soc.	2068
Indian Chemical Engineer (Incorporating The Transactions) - Mit: Transactions	Indian chem. Engr.	2345
Indian Forest Bulletin. Wood Seasoning	Indian Forest Bull., Wood Seasoning	2325
Indian Journal of Agricultural Science	Indian J. agric. Sci.	476
Indian Journal of Biochemistry	Indian J. Biochem.	2378
Indian Journal of Chemistry	Indian J. Chem.	2249
Indian Journal of Experimental Biology	Indian J. exp. Biol.	2251
Indian Journal of Medical Research	Indian J. med. Res.	174a
Indian Journal of Pharmacy	Indian J. Pharmacy	4253
Indian Journal of Physics and Proceedings of the Indian Association for the Cultivation of Science	Indian J. Physics Proc. Indian Assoc. Cultivat. Sci.	175
Indian Journal of Pure & Applied Physics	Indian J. pure appl. Physics	2248
Indian Journal of Technology	Indian J. Technol.	2250
Indian Journal of Theoretical Physics	Indian J. theoret. Physics	1891
Indian Mineralogist	Indian Mineralogist	4262
Indian Oil and Soap Journal	Indian Oil Soap J.	3574
Indian Pulp and Paper	Indian Pulp Paper	2434
Induction of Mutations and the Mutation Process. Proceedings of a Symposium, Prague 1963		2460
Industria Alimentară (Lebensmittel-Industrie)	Ind. Alimentară	4112
Industria della Carta	Ind. Carta	2755
Industria Conserve	Ind. Conserve	3063
Industria Italiana del Cemento	Ind. ital. Cemento	3603
Industria Lemnului (Industrie des Holzes)	Ind. Lemnului	3961a
Industrial and Engineering Chemistry. International Edition	Ind. Engng. Chem., int. Edit.	2744b
Industrial & Engineering Chemistry. ... Process Design and Development ... Fundamentals ... Product Research and Development	Ind. Engng. Chem., Process Design Development Fundamentals Product Res. Development	2744 b_1-b_3
Industrial Finishing	Ind. Finishing	1198
Industria Mineraria	Ind. mineraria	3482
Industria Saccarifera Italiana	Ind. saccarif. ital.	3034
Industria Textilă (Textil-Industrie)	Ind. Textilă	4005
Industria Uşoară (Leicht-Industrie)	Ind. uşoară	4009
Industria della Vernice - Mit Supplement: Verniciatura	Ind. Vernice	1587
Industrie Céramique (Édition B de la Revue des Matériaux de Construction et l'Argile Réunies)	Ind. céram.	3148a

Industrie Chimique Belge - Belgische Chemische Industrie	Ind. chim. belge	441
Industrie Chimique. Le Phosphate	Ind. chimique	2748
Industrie-Lackier-Betrieb	Ind.-Lackier-Betr.	3904
Industrie des Plastiques Modernes et Élastomères	Ind. Plast. mod. Élastomères	3768
Industries Alimentaires et Agricoles	Ind. aliment. agric.	107
Industrie Textile	Ind. Textile	3053
Información de Química Analítica - Supplement zu: Ion	Inform. Quím. analít.	3640a
Infrared Physics	Infrared Physics	2246
Ingenieur ['s-Gravenhage]	Ingenieur ['s-Gravenhage]	3059
Ingénieur Chimiste [Bruxelles]	Ing. Chimiste [Bruxelles]	1029
Ingeniörs Vetenskaps Akademien. Meddelande	Ing. Vetensk. Akad., Medd.	446b
Inorganic Chemistry [Washington]	Inorg. Chem. [Washington]	4261
Inorganic and Nuclear Chemistry Letters - Supplement zu: Journal of Inorganic & Nuclear Chemistry	Inorg. nuclear Chem. Letters	1936a
Institut für Chemieanlagen. Mitteilungen. Ausgabe A	Inst. Chemieanlagen, Mitt., Ausg. A	4242
Institution of Gas Engineers. Journal	Instn. Gas Engr., J.	5724
Institutul Central de Cercetări Agricole, Analele. Secţiei de Pedologie (Institut Central de Recherches Agricoles, Annales. Section de Pédologie)	Inst. centr. Cercetări agric., An., Secţ. Pedol.	719a
Instituut voor Veevoedingsonderzoek "Hoorn" en Vereniging tot Exploitatie van het Veevoedingsproefbedrijf "Hoorn". Verslag	Inst. Veevoedingsonderz. "Hoorn" Veren. Exploitat. Veevoedingsproefbedrijf "Hoorn", Versl.	364
Instrument Practice. Control Systems - Electronics - Automation - Ab Band 20, Nr. 1 (1966): Instrument Practice. Measurement - Automatic Control - Instrumentation	Instrument Pract., Control Syst.-Electronics-Automat.	1674
Instrument Practice. Measurement - Automatic Control - Instrumentation - Bis Band 19, Nr. 12 (1965): Instrument Practice. Control Systems - Electronics - Automation	Instrument Pract., Measurement-automatic Control-Instrumentat.	1674
Instruments and Control Systems	Instruments Control Syst.	3064
Instytut Techniki Budowlanej. Biuletyn Informacji Naukowo-Technicznej (Institut für Bautechnik. Wissenschaftlich-Technisches Informationsbulletin)	Inst. Techn. budowlanej, Biul. Inform. naukowo-techn.	2302
Interceram [Freiburg i. Br.]	Interceram [Freiburg i. Br.]	4057
Internationaal Tijdschrift voor Brouwerij en Mouterij	Int. Tijdschr. Brouwerij Mouterij	2471
International Enamelist	Int. Enamelist	706
Internationale Zeitschrift für Gaswärme	Int. Z. Gaswärme	4035
Internationale Zeitschrift der Landwirtschaft [Sofia/Berlin]	Int. Z. Landwirtsch. [Sofia/Berlin]	2164

Internationale Zeitschrift für Vitaminforschung [Bern] - Mit: Beihefte zur Internationalen Zeitschrift für Vitaminforschung	Int. Z. Vitaminforsch. [Bern]	387
International Journal of Applied Radiation and Isotopes	Int. J. appl. Radiat. Isotopes	5465
International Journal of Electronics	Int. J. Electronics	5415
International Journal of Heat and Mass Transfer	Int. J. Heat Mass Transfer	4210
International Journal of Neuropharmacology	Int. J. Neuropharmacol.	2333
International Journal of Radiation Biology and Related Studies in Physics, Chemistry and Medicine	Int. J. Radiat. Biol.	2099
VIIth International Mineral Processing Congress. Technical Papers, New York 1964	VIIth int. Mineral Processing Congr., techn. Pap., New York 1964	4193
International Pest Control	Int. Pest Control	2110
International Review of Neurobiology [New York]		4169
International Sugar Journal	Int. Sugar J.	178
International Symposium on Organosilicon Chemistry. Scientific Communications, Prague 1965	Int. Sympos. Organosilicon Chem., sci. Commun., Prague 1965	2516
Interpretive Spectroscopy		2551
Inter-Regional Symposium on the Application of Modern Technical Practices in the Iron and Steel Industry to Developing Countries, Prague 1963	Inter-regional Sympos. Appl. mod. techn. Practices Iron Steel Ind. Developing Countries, Prague 1963	2472
Inženerno-Fizičeskij Žurnal	Inž.-fiz. Ž.	545r
Ion [Madrid] - Mit Supplement: Información de Química Analítica	Ion [Madrid]	3640
Ionenaustauscher und ihre Anwendung. Symposium, Balatonszéplak 1963	Ionenaustauscher u. Anwend., Sympos., Balatonszéplak 1963	2464
Iowa State Journal of Science	Iowa State J. Sci.	179
Iron and Steel	Iron and Steel	3071
Iron and Steel Engineer	Iron Steel Engr.	2753
Iron and Steel Institute. Special Report	Iron Steel Inst., spec. Rep.	230c
Isotopenpraxis	Isotopenpraxis	5883
Israel Journal of Botany	Israel J. Bot.	2297
Israel Journal of Chemistry	Israel J. Chem.	2295
Israel Journal of Earth-Sciences	Israel J. Earth-Sci.	2299
Israel Journal of Medical Sciences	Israel J. med. Sci.	2444
Israel Journal of Technology	Israel J. Technol.	2296
Istanbul Üniversitesi Eczacilik Fakültesi Mecmuasi (Journal of Faculty of Pharmacy of Istanbul University)	Istanbul Üniv. Eczacilik Fak. Mecmuasi [J. Fac. Pharmacy Istanbul Univ.]	2583
Istanbul Üniversitesi Fen Fakültesi Mecmuasi Seri B: Tabiî Ilimler (Revue	Istanbul Univ. Fen Fak. Mecmuasi [Rev. Fac. Sci.	3166b

de la Faculté des Sciences de l'Université d'Istanbul. Sciences Naturelles)	Univ. Istanbul], Ser. B	
Italian Journal of Biochemistry - Englische Ausgabe von: Giornale di Biochimica	Ital. J. Biochem.	2187
Izvestija Akademii Nauk Armjanskoj SSR.	Izvest. Akad. Nauk Arm. SSR,	301r a, e,
... Biologiceškie Nauki - Ab Band 19, Nr. 1 (1966): Biologiceškij Žurnal Armenii	biol. Nauki	b, d
... Chimičeskie Nauki - Ab Band 19, Nr. 1 (1966): Armjanskij Chimičeskij Žurnal	chim. Nauki	
... Nauka o Zemle	Nauka o Zemle	
... Serija Techničeskich Nauk	Ser. techn. Nauk	
Izvestija Akademii Nauk Azerbajdžanskoj SSR.	Izvest. Akad. Nauk Azerbajdž. SSR,	307r a, b,
... Serija Biologičeskich Nauk	Ser. biol. Nauk	c
... Serija Geologo-Geografičeskich Nauk	Ser. geol.-geogr. Nauk	
... Serija Fiziko-Techničeskich i Matematičeskich Nauk	Ser. fiz.-techn. mat. Nauk	
Izvestija Akademii Nauk Belorusskoj SSR.	Izvest. Akad. Nauk Beloruss. SSR,	320r
... Serija Biologičeskich Nauk	Ser. biol. Nauk	
... Serija Fiziko-Techničeskich Nauk	Ser. fiz.-techn. Nauk	
Izvestija Akademii Nauk Ėstonskoj SSR, Serija Biologičeskaja	Izvest. Akad. Nauk Ėst. SSR, Ser. biol.	340ra
Izvestija Akademii Nauk Kazachskoj SSR.	Izvest. Akad. Nauk Kaz. SSR,	293r b, f,
... Serija Biologičeskich Nauk - Ab Band 4, Nr. 2 (1966): Serija Biologičeskaja	Ser. biol. Nauk	g, j
... Serija Chimičeskich Nauk - Ab Band 16, Nr. 1 (1966): Serija Chimičeskaja	Ser. chim. Nauk	
... Serija Geologičeskaja	Ser. geol.	
... Serija Fiziko-Matematičeskich Nauk	Ser. fiz.-mat. Nauk	
Izvestija Akademii Nauk Latvijskoj SSR	Izvest. Akad. Nauk Latv. SSR	299r
Izvestija Akademii Nauk Latvijskoj SSR.	Izvest. Akad. Nauk Latv. SSR,	299r a+b
... Serija Chimičeskaja	Ser. chim.	
... Serija Fizičeskich i Techničeskich Nauk	Ser. fiz. techn. Nauk	
Izvestija Akademii Nauk SSSR.	Izvest. Akad. Nauk SSSR,	7r
... Serija Chimičeskaja	Ser. chim.	b, a,
... Serija Biologičeskaja	Ser. biol.	c, d,
... Serija Geologičeskaja	Ser. geol.	h, g
... Serija Fizičeskaja	Ser. fiz.	
... Metally	Metally	
... Neorganičeskie Materialy	neorgan. Mater.	
Izvestija Akademii Nauk Turkmenskoj SSR.	Izvest. Akad. Nauk Turkm. SSR,	345r a+b
... Serija Biologičeskich Nauk	Ser. biol. Nauk	
... Serija Fiziko-Techničeskich, Chimičeskich i Geologičeskich Nauk	Ser. fiz.-techn., chim. geol. Nauk	

Izvestija Akademii Nauk UzSSR.	Izvest. Akad. Nauk Uzb. SSR,	339r
... Serija Fiziko-Matematičeskich Nauk	Ser. fiz.-mat. Nauk	
... Serija Techničeskich Nauk	Ser. techn. Nauk	
Izvestija na Fizičeskija Institut s ANEB. Bălgarska Akademija na Naukite	Izvest. Fiz. Inst. ANEB, bălgarska Akad. Naukite	387r
Izvestija na Geologičeskija Institut "Strašimir Dimitrov". Bălgarska Akademija na Naukite	Izvest. geol. Inst. "Strašimir Dimitrov", bălgarska Akad. Naukite	377r
Izvestija na Instituta po Fiziologija. Bălgarska Akademija na Naukite	Izvest. Inst. Fiziol., bălgarska Akad. Naukite	395r
Izvestija na Instituta po Fiziologija na Rastenijata "Metodi Popov", Bălgarska Akademija na Naukite	Izvest. Inst. Fiziol. Rast. "Metodi Popov", bălgarska Akad. Naukite	380r
Izvestija na Instituta po Obšta i Neorganična Chimija. Bălgarska Akademija na Naukite	Izvest. Inst. obšt. neorg. Chim., bălgarska Akad. Naukite	351r
Izvestija na Instituta po Organična Chimija. Bălgarska Akademija na Naukite	Izvest. Inst. org. Chim., bălgarska Akad. Naukite	415r
Izvestija na Instituta po Sravnitelna Patologija na Životnite	Izvest. Inst. Sravnitelna Patol. Životnite	447r
Izvestija Sibirskogo Otdelenija Akademii Nauk SSSR.	Izvest. sibirskogo Otd. Akad. Nauk SSSR,	350r
... Serija Biologo-Medicinskich Nauk	Ser. biol.-med. Nauk	
... Serija Chimičeskich Nauk	Ser. chim. Nauk	
Izvestija Timirjazevskoj Sel'skochozjajstvennoj Akademii	Izvest. Timirjazevskoj sel'skochoz. Akad.	285r
Izvestija Vysšich Učebnych Zavedenij [Baku], Neft i Gaz	Izvest. vysšich učebnych Zavedenij [Baku], Neft Gaz	364rg
Izvestija Vysšich Učebnych Zavedenij [Gor'kij], Radiofizika	Izvest. vysšich učebnych Zavedenij [Gor'kij], Radiofiz.	364rj
Izvestija Vysšich Učebnych Zavedenij [Ivanovo], Chimija i Chimičeskaja Technologija	Izvest. vysšich učebnych Zavedenij [Ivanovo], Chim. i chim. Technol.	364ra
Izvestija Vysšich Učebnych Zavedenij [Ivanovo], Technologija Tekstil'noj Promyšlennosti	Izvest. vysšich učebnych Zavedenij [Ivanovo], Technol. tekst. Prom.	364rb
Izvestija Vysšich Učebnych Zavedenij [Krasnodar], Piščevaja Technologija	Izvest. vysšich učebnych Zavedenij [Krasnodar], piščevaja Technol.	364rc
Izvestija Vysšich Učebnych Zavedenij [Moskva], Černaja Metallurgija	Izvest. vysšich učebnych Zavedenij [Moskva], černaja Metallurg.	364re
Izvestija Vysšich Učebnych Zavedenij [Moskva], Geologija i Razvedka	Izvest. vysšich učebnych Zavedenij [Moskva], Geol. Razv.	364rn
Izvestija Vysšich Učebnych Zavedenij [Ordžonikidze], Cvetnaja Metallurgija	Izvest. vysšich učebnych Zavedenij [Ordžonikidze], cvetnaja Metallurg.	364rf
Izvestija Vysšich Učebnych Zavedenij [Tomsk], Fizika	Izvest. vysšich učebnych Zavedenij [Tomsk], Fiz.	364rk

Jaderná Energie (Kern-Energie)	Jaderná Energie	2073
Jadernaja Fizika	Jadernaja Fiz.	427r
Japan Analyst	Japan Analyst	2237
Japan Atomic Energy Research Institute.	Japan atomic Energy Res. Inst.,	2468 a-f, h+j, k
... Biology and Medicine	Biol. Med.	
... Chemistry	Chem.	
... Health and Safety	Health Safety	
... Geology, Mineralogy and Meteorology	Geol., Mineralogy Meteorol.	
... Metals, Ceramics and Other Materials	Metals, Ceramics other Mater.	
... Waste Disposal and Processing	Waste Disposal Processing	
... Physics	Physics	
... Engineering and Equipment	Engng. Equipment	
... Industrial Applications of Isotopes and Radiations	ind. Appl. Isotopes Radiat.	
Japan Atomic Energy Research Institute. Research Reports	Japan atomic Energy Res. Inst., Res. Rep.	5595a
Japanese Archives of Internal Medicine	Jap. Arch. intern. Med.	2004
Japanese Journal of Applied Physics	Jap. J. appl. Physics	4284
Japanese Journal of Applied Physics. Supplement	Jap. J. appl. Physics, Suppl.	4282a
Japanese Journal of Experimental Medicine	Jap. J. exp. Med.	777
Japanese Journal of Nutrition	Jap. J. Nutrit.	1991
Japanese Journal of Pharmacology	Jap. J. Pharmacol.	1788
Japanese Journal of Physiology	Jap. J. Physiol.	2050
Jernkontorets Annaler	Jernkontorets Ann.	182
Jikeikai Medical Journal	Jikeikai med. J.	1948
Oitavas Jornadas Bioquímicas Latinas. Relatórios, Lisboa 1965 - Mit Sonderteil: Comunicações	Oitavas Jornadas bioqím. Latinas, Relatórios, Lisboa 1965	4092a
Journal of the Acoustical Society of America	J. acoust. Soc. America	3590
Journal of the Agricultural Chemical Society of Japan (Nippon Nôgei-Kagaku Kaishi)	J. agric. chem. Soc. Japan [Nippon Nôgei-Kagaku Kaishi]	445
Journal of Agricultural and Food Chemistry	J. agric. Food Chem.	3930
Journal of Agricultural Science	J. agric. Sci.	192
Journal of Agriculture of the University of Puerto Rico	J. Agric. Univ. Puerto Rico	1271
Journal of Agriculture of Western Australia	J. Agric. Western Australia	1349
Journal of the Air Pollution Control Association	J. Air Pollut. Control Assoc.	4008
Journal of Allergy	J. Allergy	444
Journal of the American Ceramic Society - Mit Sonderteil: Ceramic Abstracts	J. Amer. ceram. Soc.	210
Journal of the American Chemical Society	J. Amer. chem. Soc.	211

Journal of the American Concrete Institute	J. Amer. Concrete Inst.	637
Journal of the American Dietetic Association	J. Amer. dietet. Assoc.	3709
Journal of the American Leather Chemists Association	J. Amer. Leather Chemists Assoc.	212
Journal of the American Oil Chemists' Society	J. Amer. Oil Chemists' Soc.	3141
Journal of the American Water Works Association	J. Amer. Water Works Assoc.	214
Journal of Antibiotics [Tokyo]. Series A	J. Antibiotics [Tokyo], Ser. A	1728a
Journal of Applied Bacteriology	J. appl. Bacteriol.	4133
Journal of Applied Chemistry - Mit Sonderteil: Abstracts	J. appl. Chem.	2762b
Journal of Applied Physics	J. appl. Physics	578
Journal of Applied Physiology	J. appl. Physiol.	1781
Journal of Applied Polymer Science	J. appl. Polymer Sci.	1544a
Journal of the Association of Official Agricultural Chemists - Ab Band 49, Nr. 1 (1966): Journal of the Association of Official Analytical Chemists	J. Assoc. off. agric. Chemists	215
Journal of the Association of Official Analytical Chemists - Bis Band 48, Nr. 6 (1965): Journal of the Association of Official Agricultural Chemists	J. Assoc. off. analyt. Chemists	215
Journal of Atherosclerosis Research [Amsterdam]	J. Atherosclerosis Res. [Amsterdam]	4221
Journal of Atmospheric and Terrestrial Physics	J. atmospheric terrestr. Physics	1665
Journal of the Australian Institute of Agricultural Science	J. Austral. Inst. agric. Sci.	1757
Journal of Bacteriology	J. Bacteriol.	503
Journal of Biochemistry [Tokyo]	J. Biochemistry [Tokyo]	193
Journal of Biological Chemistry	J. biol. Chemistry	194
Journal of the British Nuclear Energy Society	J. Brit. nuclear Energy Soc.	5460
Journal of Catalysis	J. Catalysis	4281
Journal of Cell Biology	J. Cell Biol.	4218
Journal of Cellular and Comparative Physiology - Ab Band 67, Nr. 1 (1966): Journal of Cellular Physiology	J. cellular comparat. Physiol.	691
Journal of Cellular Physiology - Bis Band 66, Nr. 3 (1965): Journal of Cellular and Comparative Physiology	J. cellular Physiol.	691
Journal of Cellular Plastics	J. cellular Plastics	2547
Journal of the Ceramic Association of Japan (Yogyo Kyokai Shi)	J. ceram. Assoc. Japan [Yogyo Kyokai Shi]	2691
Journal of Chemical Education	J. chem. Educat.	197

Journal of Chemical and Engineering Data	J. chem. Engng. Data	4123
Journal of Chemical Physics	J. chem. Physics	3060
Journal of the Chemical Society [London] - Ab 1966, Nr. 1: Journal of the Chemical Society [London]. Section A. Inorganic, Physical, and Theoretical Chemistry; Section B. Physical Organic Chemistry; Section C. Organic Chemistry	J. chem. Soc. [London]	217
Journal of the Chemical Society [London].	J. chem. Soc. [London],	217 e-g
... Section A. Inorganic, Physical, and Theoretical Chemistry	Sect. A	
... Section B. Physical Organic Chemistry	Sect. B	
... Section C. Organic Chemistry - Bis 1965: Journal of the Chemical Society [London]	Sect. C	
Journal of the Chemical Society of Japan, Industrial Chemistry Section (Kōgyō Kagaku Zasshi)	J. chem. Soc. Japan, ind. Chem. Sect. [Kōgyō Kagaku Zasshi]	3773
Journal of the Chemical Society of Japan, Pure Chemistry Section (Nippon Kagaku Zasshi)	J. chem. Soc. Japan, pure Chem. Sect. [Nippon Kagaku Zasshi]	218
Journal of Chemistry of the United Arab Republic	J. Chem. U.A.R.	2209
Journal de Chimie Physique et de Physico-Chimie Biologique	J. Chim. physique Physico-Chim. biol.	185
Journal of Chromatography [Amsterdam]	J. Chromatogr. [Amsterdam]	2041
Journal of Clinical Endocrinology and Metabolism	J. clin. Endocrinol. Metabolism	1533
Journal of Clinical Investigation	J. clin. Invest.	198
Journal of the College of Arts and Sciences. Chiba University	J. College Arts Sci., Chiba Univ.	1873
Journal of Colloid and Interface Science - Bis Band 20, Nr. 9 (1965): Journal of Colloid Science	J. Colloid Interface Sci.	1553
Journal of Colloid Science - Ab Band 21, Nr. 1 (1966): Journal of Colloid and Interface Science	J. Colloid Sci.	1553
Journal of Dairy Research	J. Dairy Res.	590
Journal of Dairy Science	J. Dairy Sci.	199
Journal of Dental Research	J. Dental Res.	1429
Journal of Economic Entomology	J. econ. Entomol.	489
Journal of Electroanalytical Chemistry [Amsterdam]	J. electroanalyt. Chem. [Amsterdam]	4130
Journal of the Electrochemical Society	J. electrochem. Soc.	1590
Journal of the Electrochemical Society of India	J. electrochem. Soc. India	2234
Journal of the Electrochemical Society of Japan (Overseas Edition)	J. electrochem. Soc. Japan [Overseas Edit.]	3591
Journal of Endocrinology	J. Endocrinology	1388

Journal of Experimental Biology	J. exp. Biology	487
Journal of Experimental Botany [London]	J. exp. Bot. [London]	1815
Journal of Experimental Medicine	J. exp. Medicine	200
Journal of the Faculty of Agriculture, Hokkaido University	J. Fac. Agric., Hokkaido Univ.	511
Journal of Food Science	J. Food Sci.	1046
Journal du Four Électrique - Bis Band 70, Nr. 10 (1965): Journal du Four Électrique et des Industries Électrochimiques	J. Four électr.	2758
Journal du Four Électrique et des Industries Électrochimiques - Ab Band 71, Nr. 1 (1966): Journal du Four Électrique	J. Four électr. Ind. électrochim.	2758
Journal of the Franklin Institute	J. Franklin Inst.	223
Journal of the Fuel Society of Japan	J. Fuel Soc. Japan	224
Journal of Gas Chromatography	J. Gas Chromatogr.	2312
Journal of General Microbiology	J. gen. Microbiol.	4159
Journal of General Physiology	J. gen. Physiol.	201
Journal of the Geological Society of Japan	J. geol. Soc. Japan	1351
Journal of Geology	J. Geology	499
Journal of Geomagnetism and Geoelectricity [Kyoto]	J. Geomagnetism Geoelectr. [Kyoto]	4155
Journal of Geophysical Research	J. geophys. Res.	1500
Journal of Heterocyclic Chemistry	J. heterocyclic Chem.	2427
Journal of Histochemistry and Cytochemistry [Baltimore]	J. Histochem. Cytochem. [Baltimore]	1779
Journal of Horticultural Science	J. horticult. Sci.	1193
Journal of Hygiene, Epidemiology, Microbiology and Immunology [Praha]	J. Hyg., Epidemiol., Microbiol. Immunol. [Praha]	2556
Journal of the Indian Chemical Society	J. Indian chem. Soc.	225
Journal of the Indian Institute of Science	J. Indian Inst. Sci.	226
Journal of the Industrial Explosives Society, Japan	J. ind. Explosives Soc., Japan	2133
Journal des Industries du Gaz	J. Ind. Gaz	2985
Journal of Inorganic & Nuclear Chemistry	J. inorg. nuclear Chem.	1936
Journal of the Institute of Brewing - Mit Beigabe: Malting, Brewing and Allied Processes	J. Inst. Brewing	227
Journal of the Institute of Fuel	J. Inst. Fuel	2747
Journal of the Institute of Metals with the Bulletin and Metallurgical Abstracts - Enthält die Sonderteile: 1) Bulletin of the Institute of Metals, 2) Metallurgical Abstracts - Ab Band 94, Nr. 1 (1966): Journal of the Institute of Metals with the Bulletin and Metallurgical Reviews	J. Inst. Metals	228

Journal of the Institute of Metals with the Bulletin and Metallurgical Reviews - Enthält die Sonderteile: 1) Bulletin of the Institute of Metals, 2) Metallurgical Reviews - Bis Band 93, Nr. 16 (1965): Journal of the Institute of Metals with the Bulletin and Metallurgical Abstracts	J. Inst. Metals	228
Journal of the Institute of Petroleum - Mit Sonderteil: Abstracts	J. Inst. Petroleum	229
Journal of the Iron and Steel Institute	J. Iron Steel Inst.	230
Journal of the Japanese Technical Association of Pulp and Paper Industry (Parupu Kami Kógyó Zasshi	J. Jap. techn. Assoc. Pulp Paper Ind. [Parupu Kami Kógyó Zasshi]	4297
Journal of Laboratory and Clinical Medicine	J. Lab. clin. Med.	204
Journal of the Less-Common Metals [Amsterdam]	J. Less-common Metals [Amsterdam]	4129
Journal of Lipid Research	J. Lipid Res.	4128
Journal of the Marine Biological Association of the United Kingdom	J. Marine biol. Assoc. United Kingdom	173
Journal of the Mechanics and Physics of Solids	J. Mechan. Physics Solids	1905
Journal of Medicinal Chemistry	J. med. Chem.	1900
Journal of Metals - Mit Sonderteil: Transactions AIME	J. Metals	352d
Journal de Microscopie [Paris]	J. Microscop. [Paris]	2438
Journal of Milk and Food Technology	J. Milk Food Technol.	1188
Journal of the Mining and Metallurgical Institute of Japan	J. Mining metallurg. Inst. Japan	5432
Journal of Molecular Biology	J. molecular Biol.	4121
Journal of Molecular Spectroscopy	J. molecular Spectroscopy	2205
Journal Mondial de Pharmacie [La Haye]	J. mond. Pharmac. [La Haye]	3977
Journal of the National Cancer Institute	J. nat. Cancer Inst.	1680
Journal of Neurochemistry [London]	J. Neurochem. [London]	4263
Journal of the New England Water Works Association	J. New England Water Works Assoc.	231
Journal of the New Zealand Institute of Chemistry	J. New Zealand Inst. Chem.	1197
Journal of Nuclear Energy. Parts A/B: Reactor Science and Technology	J. nuclear Energy, Parts A/B	5501a
Journal of Nuclear Materials [Amsterdam]	J. nuclear Mater. [Amsterdam]	4082
Journal of Nuclear Medicine	J. nuclear Med.	2568
Journal of Nuclear Science and Technology [Tokyo]	J. nuclear Sci. Technol. [Tokyo]	2437
Journal of Nutrition	J. of Nutrit.	509
Journal of Occupational Medicine	J. occupat. Med.	4213
Journal of the Oil and Colour Chemists' Association	J. Oil Colour Chemists' Assoc.	232

Journal of the Optical Society of America	J. opt. Soc. America	233
Journal of Organic Chemistry	J. org. Chemistry	704
Journal of Organometallic Chemistry [Amsterdam]	J. organometallic Chem. [Amsterdam]	2284
Journal of Paint Technology - Bis Band 37, Nr. 491 (1965): Official Digest of the Federation of Societies for Paint Technology	J. Paint Technol.	757
Journal of Pathology and Bacteriology	J. Pathol. Bacteriol.	493
Journal of Petrology	J. Petrology	4180
Journal of Pharmaceutical Sciences	J. pharmac. Sci.	213b
Journal of the Pharmaceutical Society of Japan (Yakugakuzasshi)	J. pharmac. Soc. Japan [Yakugakuzasshi]	234
Journal de Pharmacie de Belgique	J. Pharmac. Belgique	187
Journal of Pharmacology and Experimental Therapeutics	J. Pharmacol. exp. Therapeut.	206
Journal of Pharmacy and Pharmacology	J. Pharmacy Pharmacol.	312
Journal of Pharmacy and Pharmacology. Supplement	J. Pharmacy Pharmacol., Suppl.	312a
Journal of Photographic Science - Mit Sondernummer: Photography in Science & Industry	J. photogr. Sci.	290b
Journal of Physical Chemistry	J. physic. Chem.	207
Journal of the Physical Society of Japan	J. physic. Soc. Japan	579
Journal of Physics and Chemistry of Solids - Mit Supplement: Solid State Communications	J. Physics Chem. Solids	2131
Journal de Physiologie	J. de Physiol.	1231
Journal de Physiologie. Supplément	J. de Physiol., Suppl.	1231a
Journal of Physiology - Mit Sonderteil: Proceedings of the Physiological Society	J. Physiology	208
Journal de Physique - Mit Sonderteil: Journal de Physique. Physique Appliquée	J. Physique	2756
Journal of the Polarographic Society	J. polarogr. Soc.	4202
Journal of Polymer Science. Part A. General Papers - Ab Band 4, Nr. 1 (1966): Journal of Polymer Science. Part A-1. Polymer Chemistry; Part A-2. Polymer Physics	J. Polymer Sci., Part A	1544b
Journal of Polymer Science. ... Part A-1. Polymer Chemistry ... Part A-2. Polymer Physics ... Part B. Polymer Letters ... Part C. Polymer Symposia - Part A-1 und Part A-2 bis Band 3, Nr. 12 (1965): Journal of Polymer Science. Part A. General Papers	J. Polymer Sci., Part A-1 Part A-2 Part B Part C	1544 b-d
Journal of the Portland Cement Association Research and Development Laboratories	J. PCA Res. Development Lab.	2236

Journal für Praktische Chemie	J. prakt. Chem.	190
Journal and Proceedings of the Institute of Sewage Purification	J. Proc. Inst. Sewage Purificat.	905
Journal and Proceedings of the Institution of Chemists (India)	J. Proc. Instn. Chemists (India)	4162
Journal and Proceedings of the Royal Society of New South Wales	J. Proc. Roy. Soc. New South Wales	183
Journal of Quantitative Spectroscopy & Radiative Transfer	J. quantitative Spectroscopy radiative Transfer	2544
Journal of the Ramsey Society of Chemical Engineers	J. Ramsey Soc. chem. Engr.	4225
Journal of the Research Institute for Catalysis, Hokkaido University	J. Res. Inst. Catalysis, Hokkaido Univ.	1733
Journal of Research of the National Bureau of Standards. ... Section A. Physics and Chemistry ... Section B. Mathematics and Mathematical Physics ... Section C. Engineering and Instrumentation	J. Res. nat. Bur. Standards, Sect. A Sect. B Sect. C	114 a-c
Journal of the Rubber Research Institute of Malaya	J. Rubber Res. Inst. Malaya	635
Journal of the Science of Food and Agriculture - Mit Sonderteil: Abstracts	J. Sci. Food Agric.	2762c
Journal of the Science of Soil and Manure, Japan (Nippon Dojohiryogaku Zasshi)	J. Sci. Soil Manure, Japan [Nippon Dojohiryogaku Zasshi]	599
Journal of the Scientific Agricultural Society of Finland (Maataloustieteellinen Aikakauskirja) - Bis Band 37, Nr. 4 (1965): Maataloustieteellinen Aikakauskirja (Journal of the Scientific Agricultural Society of Finland)	J. sci. agric. Soc. Finland [Maataloustieteellinen Aikakauskirja]	638
Journal of Scientific & Industrial Research [New Delhi]	J. sci. ind. Res. [New Delhi]	1842
Journal of Scientific Instruments	J. sci. Instruments	2759
Journal of Sericultural Science of Japan	J. sericult. Sci. Japan	1988
Journal of the SMPTE [Society of Motion Picture and Television Engineers]	J. SMPTE [Soc. Motion Picture Television Engr.]	180
Journal of the Society of Cosmetic Chemists	J. Soc. Cosmet. Chemists	2225
Journal of the Society of Dyers and Colourists	J. Soc. Dyers Colourists	2763
Journal of the Society of Leather Trades' Chemists	J. Soc. Leather Trades' Chemists	238
Journal of the Society of Organic Synthetic Chemistry, Japan	J. Soc. org. synth. Chem., Japan	1812
Journal of Soil Science	J. Soil Sci.	1648
Journal of the South African Chemical Institute	J. South African chem. Inst.	239
Journal of the South African Institute of Mining and Metallurgy	J. South African Inst. Mining Metallurgy	216

Journal of the Sports Turf Research Institute	J. Sports Turf Res. Inst.	889b
Journal of the Technological Society of Starch [Tokyo]	J. technol. Soc. Starch [Tokyo]	4274
Journal of the Textile Institute. ... Abstracts ... Proceedings ... Transactions	J. Textile Inst., Abstr. Proc. Trans.	240 a-c
Journal of Theoretical Biology	J. theoret. Biol.	2113
Journal of the Tokyo University of Fisheries	J. Tokyo Univ. Fisheries	1421
Journal of the University of Bombay	J. Univ. Bombay	423
Journal of Vitaminology [Kyoto]	J. Vitaminol. [Kyoto]	4235
Journal of the Water Pollution Control Federation	J. Water Pollut. Control Federat.	537

Kälte	Kälte	3925
Kagaku (Science)	Kagaku [Science]	1227
Kali und Steinsalz	Kali u. Steinsalz	3950
Kalium Symposium [Bern]	Kalium Sympos. [Bern]	2189
Kardiologija	Kardiologija	379r
Kaučuk i Rezina	Kaučuk i Rezina	58r
Kautschuk und Gummi, Kunststoffe	Kautschuk Gummi, Kunststoffe	3747
Kazanskij Medicinskij Žurnal	Kazanskij med. Ž.	50r
Kemian Teollisuus (Chemische Industrie)	Kem. Teollisuus [Chem. Ind.]	1739
Kemija u Industriji [Zagreb] (Chemie in der Industrie)	Kem. u Ind. [Zagreb]	2165
Kemio Internacia [Montevideo]	Kem. internac. [Montevideo]	2508
Keramische Zeitschrift	Keram. Z.	3989
Kernenergie	Kernenergie	5521
Kerntechnik, Isotopentechnik und -chemie	Kerntechn., Isotopentechn. u. -chem.	5576
Kieler Milchwirtschaftliche Forschungsberichte	Kieler milchwirtsch. Forsch.-Ber.	1758
Kinetika i Kataliz	Kinetika i Kataliz	392r
Kitasato Archives of Experimental Medicine	Kitasato Arch. exp. Med.	690
Klinische Wochenschrift	Klin. Wschr.	2768
Kobalt	Kobalt	4146
Központi Élelmiszeripari Kutató Intézet Közleményei (Mitteilungen des Zentralforschungsinstitutes für Lebensmittelindustrie)	Központi Élelmiszeripari Kutató Intézet Közleményei [Mitt. Zentralforsch.-Inst. Lebensmittelind.]	4247

Kohászati Lapok (Ungarische Zeitschrift für Hüttenwesen) - Mit Sonderteil: Öntöde	Kohászati Lapok [Ung. Z. Hüttenwes.]	3197b
Kohlenwasserstoffgase	Kohlenwasserstoffgase	2580
Koks i Chimija	Koks i Chim.	17r
Koks - Smoła - Gaz (Koks-Teer-Gas)	Koks - Smoła - Gaz	4030
Kolloidnyj Žurnal	Kolloidnyj Ž.	100r
Kolloid-Zeitschrift. Zeitschrift für Polymere	Kolloid-Z., Z. Polymere	2771
Kolorisztikai Értesítő (Koloristische Rundschau)	Kolorisztikai Értesítő [Kolorist. Rdsch.]	4229
Kongelige Danske Videnskabernes Selskab. ... Matematisk-Fysiske Meddelelser ... Matematisk-Fysiske Skrifter	Kong. danske Vidensk. Selsk., mat.-fysiske Medd. mat.-fysiske Skr.	246 c+d
Konservnaja i Ovoščesušil'naja Promyšlennost'	Konservnaja ovoščesušil'naja Prom.	355r
Koroze a Ochrana Materiálu (Korrosion und Materialschutz)	Koroze Ochrana Mater.	4058
Kovové Materiály (Metallische Werkstoffe)	Kovové Mater.	2060
Kožařství (Gerberei)	Kožařství	4034
Koževenno-Obuvnaja Promyšlennost'	Koževenno-obuvnaja Prom.	42r
Kristallografija	Kristallografija	337r
Kulturpflanze. Berichte und Mitteilungen aus dem Institut für Kulturpflanzenforschung der Deutschen Akademie der Wissenschaften zu Berlin in Gatersleben Kreis Aschersleben	Kulturpflanze	2553
Kungl. Skogs- och Lantbruksakademiens Tidskrift	Kungl. Skogs- och Lantbruksakad. Tidskr.	248
Kungl. Tekniska Högskolans Handlingar	Kungl. Tekn. Högskolans Handl.	1646
Kunststoffe - Mit Beilage: Kunststoff-Praxis	Kunststoffe	2781
Kunststoffe - Plastics [Solothurn]	Kunststoffe - Plastics [Solothurn]	4166
Kunststoff und Gummi	Kunststoff u. Gummi	2256
Kunststoff - Rundschau - Mit Sonderteil: Verstärkte Kunststoffe	Kunststoff-Rdsch.	4026
Kvasný Průmysl (Gärungsindustrie)	Kvasný Průmysl	2072

Laboratorio Scientifico [Milano]	Lab. sci. [Milano]	2119
Laboratornoe Delo	Labor. Delo	371r
Laboratory Investigation	Lab. Invest.	1780
Laboratory Practice	Lab. Pract.	1887
Lait	Lait	250
Lakokrasočnye Materialy i ich Primenenie	Lakokrasočnye Mater. Primenenie	389r

Lancet	Lancet	2782
Landbauforschung Völkenrode	Landbauforsch. Völkenrode	5235
Landwirtschaftliche Forschung	Landwirtsch. Forsch.	1603
Lantbrukshögskolans Annaler	Lantbrukshögskolans Ann.	738
Leather Science [Madras, India]	Leather Sci. [Madras, India]	2274
Lebensmittelchemie und Gerichtliche Chemie	Lebensmittelchem. u. gerichtl. Chem.	2465
Lebensmittel-Industrie	Lebensmittel-Ind.	3878
Leder	Leder	3810
Leicester Chemical Review	Leicester chem. Rev.	2484
Liebigs Annalen der Chemie	Liebigs Ann. Chem.	26
Light Metals [Tokyo]	Light Metals [Tokyo]	2128
Linde Berichte aus Technik und Wissenschaft	Linde Ber. Techn. Wiss.	2273
Lipids [Chicago]	Lipids [Chicago]	2566
Lisova, Paperova i Derevoobrobna Promyslovist' - Bis 1965, Nr. 4: Bumaznaja i Derevoobrabatyvajuscja Promyslennost'	Lisova, Paperova Derevoobrobna Prom.	403r
Listy Cukrovarnické (Zeitschrift für die Zuckerindustrie)	Listy Cukrovarnické	2786
Litejnoe Proizvodstvo	Litejnoe Proizvod.	99r
Low Temperature Science [Sappore]. Series A Physical Sciences	Low Temperat. Sci. [Sappore], Ser. A	4276
Lubrication Engineering	Lubricat. Engng.	2540

Maataloustieteellinen Aikakauskirja (Journal of the Scientific Agricultural Society of Finland) - Ab Band 38, Nr. 1 (1966): Journal of the Scientific Agricultural Society of Finland (Maataloustieteellinen Aikakauskirja)	Maataloustieteellinen Aikakauskirja [J. sci. agric. Soc. Finland]	638
Macromolecular Syntheses		2474
Madras Agricultural Journal	Madras agric. J.	663
Magyar Ásványolaj és Földgáz Kisérleti Intézet Közleményei (Mitteilungen des Ungarischen Forschungsinstituts für Erdöl und Erdgas)	Magyar Ásványolaj Földgáz Kisérleti Intézet Közleményei [Mitt. ung. Forsch.-Inst. Erdöl Erdgas]	2369
Magyar Fizikai Folyóirat (Ungarische Physikalische Zeitschrift)	Magyar fizik. Folyóirat [Ung. physik. Z.]	2002
Magyar Kémiai Folyóirat (Ungarische Zeitschrift für Chemie)	Magyar kém. Folyóirat [Ung. Z. Chem.]	256
Magyar Kémikusok Lapja (Ungarisches Blatt der Chemiker)	Magyar Kémikusok Lapja [Ung. Bl. Chemiker]	3377
Magyar Textiltechnika (Ungarische Textiltechnik)	Magyar Textiltechn. [Ung. Textiltechn.]	3970

Magyar Tudományos Akadémia. Kémia Tudományok Osztályának Közleményei (Ungarische Akademie der Wissenschaften. Berichte der Abteilung Chemische Wissenschaften)	Magyar tudományos Akad., kém. tudományok Osztályának Közleményei [Ung. Akad. Wiss., Ber. Abt. chem. Wiss.]	1876
Magyar Tudományos Akadémia. Matematikai és Fizikai Tudományok Osztályának Közleményei (Ungarische Akademie der Wissenschaften. Berichte der Mathematisch- und Physikalisch-Wissenschaftlichen Abteilung)	Magyar tudományos Akad., mat. fizik. tudományok Osztályának Közleményei [Ung. Akad. Wiss., Ber. math.-physik.-wiss. Abt.]	1883
Makromolekulare Chemie [Basel]	Makromolekulare Chem. [Basel]	1518
Malaysian Agricultural Journal	Malaysian agric. J.	259
Manual of the Textile Industry of Canada	Manual Textile Ind. Canada	2644a
Manufacturing Chemist and Aerosol News Incorporating Chemical Products	Manufact. Chemist Aerosol News	2973
Maschinenschaden	Maschinenschaden	2999
Masložirovaja Promyšlennost'	Masložirovaja Prom.	20r
Matematicko-Fyzikálny Časopis (Mathematisch-Naturwissenschaftliche Zeitschrift)	Mat.-fyzik. Časopis	2059
Materiale Plastice [București]	Mater. plast. [București]	2348
Materialprüfung	Materialprüfung	5555
Materials in Design Engineering	Mater. Design Engng.	2978
Materials Protection	Mater. Protect.	4259
Materials Research & Standards	Mater. Res. Standards	3610
Materie Plastiche ed Elastomeri	Mater. plast. Elastomeri	3147
Mayo Clinic Proceedings	Mayo Clin. Proc.	968
Mechanism of Corrosion by Fuel Impurities. Proceedings of the International Conference, Marchwood, Hampshire, 1963	Mechanism Corrosion Fuel Impurities, Proc. int. Conf., Marchwood, Hampshire, 1963	2545
Meddelelser fra Norsk Farmaceutisk Selskap	Medd. norsk. farmac. Selsk.	1443
Mededelingen van de Koninklijke Vlaamse Academie voor Wetenschappen, Letteren en Schone Kunsten van België. Klasse der Wetenschappen	Meded. Kon. vlaamse Acad. Wetensch., Letteren schone Kunsten België, Kl. Wetensch.	1434a
Mededelingen van de Vlaamse Chemische Vereniging	Meded. vlaamse chem. Veren.	1478
Medical Research Council. ... Special Report Series ... Memorandum	Med. Res. Council, spec. Rep. Ser. Memorandum	1067 c+d
Medicina et Pharmacologia Experimentalis [Basel]	Med. Pharmacol. exp. [Basel]	4172
Medicine and Biology [Tokyo]	Med. and Biol. [Tokyo]	2147
Medicinskaja Parazitologija i Parazitarnye Bolezni	Med. Parazitol. parazitarnye Bolezni	236r
Medicinskaja Promyšlennost' SSSR	Med. Prom. SSSR	328r
Medicinskaja Radiologija	Med. Radiol. [SSSR]	544r
Medicinskij Žurnal Uzbekistana	Med. Ž. Uzbekistana	399r

Medizinische Laboratorium, Das [Stuttgart]	Med. Lab. [Stuttgart]	2511
Medycyna Doświadczalna i Mikrobiologia (Experimentelle Medizin und Mikrobiologie)	Med. doświadczalna Mikrobiol.	1127
Melliand Textilberichte	Melliand Textilber.	2791
Mémoires Scientifiques de la Revue de Métallurgie	Mém. sci. Rev. Métallurgie	2864a
Mémoires de la Société des Ingénieurs Civils de France - Ab 1966, Nr. 1: Sciences et Techniques	Mém. Soc. Ing. Civils France	1000b
Memoirs of the Faculty of Agriculture. University of Miyazaki	Mem. Fac. Agric., Univ. Miyazaki	2014
Memoirs of the Faculty of Engineering, Kyoto University	Mem. Fac. Engng., Kyoto Univ.	2912
Memoirs of the Faculty of Science, Kyushu University. Series C Chemistry	Mem. Fac. Sci., Kyushu Univ., Ser. C	4273b
Memoirs of the Institute of Scientific and Industrial Research. Osaka University	Mem. Inst. sci. ind. Res., Osaka Univ.	1989
Mémorial des Poudres	Mém. Poudres	263
Mendel Bulletin	Mendel Bull.	1217
Mesures - Régulation - Automatisme	Mesures - Régulat. - Automatisme	1458
Metabolism. Clinical and Experimental	Metabolism, clin. and exp.	4232
Metabolismo [Roma]	Metabolismo [Roma]	2502
Metalen en Andere Constructiematerialen	Metalen andere Constructiemater.	3234
Metal Finishing	Metal Finishing	2795
Metall	Metall	3721
Metalloberfläche. (Ausgabe A mit der Ausgabe B)	Metalloberfläche	3700
Metallovedenie iTermičeskaja Obrabotka Metallov	Metallovedenie termičeskaja Obrabotka Metallov	327r
Metallurgia [Manchester]	Metallurgia [Manchester]	2984
Metallurgia Italiana - Mit Sonderteil: Atti Notizie	Metallurgia ital.	3027
Metallurgičeskaja i Gornorudnaja Promyšlennost'	Metallurg. gornorudnaja Prom.	404r
Métallurgie [Mons, Belgium]	Métallurgie [Mons, Belgium]	2388
Métallurgie et la Construction Mécanique	Métallurgie Construct. mécan.	3119
Metal Progress	Metal Progr.	2975
Metal Treatment and Drop Forging	Metal Treatment Drop Forging	3314
Metalurgia [Bucureşti]	Metalurgia [Bucureşti]	5543b
Metalurgia y Electricidad	Metalurgia y Electr.	3646
Métaux	Métaux	2981
Meteorologija i Gidrologija	Meteor. i Gidrol.	422r
Methods of Biochemical Analysis		1823

Metrologia [Berlin]	Metrologia [Berlin]	2455
Michigan State University. Agricultural Experiment Station. Quarterly Bulletin	Michigan State Univ., agric. Exp. Stat., quart. Bull.	1026b
Microchemical Journal [New York]	Microchem. J. [New York]	2122
Microelectronics and Reliability	Microelectronics and Reliability	5748
Microscope and Crystal Front	Microscope and Crystal Front	2459
Microtecnic [Lausanne]	Microtecnic [Lausanne]	5081
Mikrobiologičnyj Žurnal	Mikrobiol. Ž.	187r
Mikrobiologija	Mikrobiologija	105r
Mikrochimica Acta [Wien] - Bis 1965, Nr. 5/6: Mikrochimica et Ichnoanalytica Acta [Wien]	Mikrochim. Acta [Wien]	843
Mikrochimica et Ichnoanalytica Acta [Wien] - Ab 1966, Nr. 1/2: Mikrochimica Acta [Wien]	Mikrochim. ichnoanalyt. Acta [Wien]	843
Mikroskopie [Wien]	Mikroskopie [Wien]	1572
Milchwirtschaftliche Berichte aus den Bundesanstalten Wolfpassing und Rotholz - Mit Beilage: Österreichische Milchwirtschaft	Milchwirtsch. Ber. Bundesanst. Wolfpassing Rotholz	1869
Milchwissenschaft - Mit Sonderteil: Milchwirtschaftlicher Informationsdienst	Milchwissenschaft	3707
Miltitzer Berichte über Ätherische Öle, Riechstoffe usw.	Miltitzer Ber. äther. Öle, Riechstoffe usw.	78
Mineral Industries. Pennsylvania State University	Mineral Ind., Pennsylvania State Univ.	3376
Mineraloel-Technik	Mineraloel-Techn.	2223
Mineralogical Magazine and Journal of the Mineralogical Society - Mit Sonderteil: Mineralogical Abstracts	Mineralog. Mag. J. mineralog. Soc.	269
Minerva Nucleare [Torino]	Minerva nucleare [Torino]	4195
Mines et Métallurgie	Mines et Métallurg.	2413
Mining Engineering	Mining Engng.	352e
Mitteilungen der Bundesforschungsanstalt für Forst- und Holzwirtschaft	Mitt. Bundesforsch.-Anst. Forst- u. Holzwirtsch.	3752
Mitteilungen aus den Forschungslaboratorien der Agfa-Gevaert AG Leverkusen-München	Mitt. Forsch.-Lab. Agfa-Gevaert AG Leverkusen-München	4285
Mitteilungen aus dem Gebiete der Lebensmitteluntersuchung und Hygiene [Bern]	Mitt. Gebiete Lebensmittelunters. Hyg. [Bern]	271
Mitteilungen der Vereinigung der Grosskesselbesitzer	Mitt. Vereinig. Grosskesselbesitzer	3834
Mitteilungen der Versuchsstation für das Gärungsgewerbe Wien	Mitt. Versuchsstat. Gärungsgewerbe Wien	4014
Mitteilungsdienst der Gesellschaft zur Bekämpfung der Krebskrankheiten in Nordrhein-Westfalen	Mitteilungsdienst Ges. Bekämpf. Krebskrankh. Nordrhein-Westfalen	2158

Mjasnaja Industrija SSSR	Mjasnaja Ind. SSSR	252r
Modern Aspects of the Vitreous State		2493
Modern Castings	Mod. Castings	3688
Modern Drugs	Mod. Drugs	1520
Modern Plastics	Mod. Plastics	3008
Molecular and Cellular Basis of Antibody Formation. Proceedings of a Symposium, Prague 1964	Molecular cellular Basis Antibody Format., Proc. Sympos., Prague 1964	2514
Molecular Pharmacology	Molecular Pharmacol.	2555
Molecular Physics	Molecular Physics	1865
Moločnaja Promyšlennost'	Moloč. Prom.	103r
Monatsberichte der Deutschen Akademie der Wissenschaften zu Berlin	Mber. dtsch. Akad. Wiss. Berlin	2208
Monatshefte für Chemie und Verwandte Teile Anderer Wissenschaften	Mh. Chem.	275
Monatsschrift für Brauerei - Beilage zu: Brauerei	Mschr. Brauerei	3729a
Monographien zu "Angewandte Chemie" und "Chemie-Ingenieur-Technik"	Monogr. "Angew. Chem." u. "Chem.-Ing.-Techn."	2924a
Montana Bureau of Mines and Geology. ... Memoir ... Bulletin ... Special Publications	Montana Bur. Mines Geol., Mem. Bull. spec. Publ.	3404 a, c, d
Monthly Notices of the Royal Astronomical Society	Monthly Notices Roy. astronom. Soc.	625
Müanyag (Kunststoffe) - Ab Band 3, Nr. 1 (1966): Müanyag és Gumi	Müanyag [Kunststoffe]	2340
Müanyag és Gumi (Kunststoffe und Gummi) - Bis Band 2, Nr. 12 (1965): Müanyag	Müanyag és Gumi [Kunststoffe u. Gummi]	2340
Mühle + Mischfuttertechnik - Mit den Beilagen: 1) Das Wassertriebwerk, 2) Documenta Cerealia	Mühle + Mischfuttertechn.	2811
Mutech Chemical Engineering Journal	Mutech chem. Engng. J.	2448
Nachrichten der Akademie der Wissenschaften in Göttingen. II. Mathematisch-Physikalische Klasse	Nachr. Akad. Wiss. Göttingen, II. math.-physik. Kl.	276a
Nachrichtenblatt für den Deutschen Pflanzenschutzdienst [Berlin]	Nachrichtenbl. dtsch. Pflanzenschutzdienst [Berlin]	3436
Nachrichtenblatt des Deutschen Pflanzenschutzdienstes [Braunschweig]	Nachrichtenbl. dtsch. Pflanzenschutzdienstes [Braunschweig]	3696
Nafta [Katowice] - Mit Sonderteil: Biuletyn Instytutu Naftowego	Nafta [Katowice]	3788
Nafta [Zagreb]	Nafta [Zagreb]	3883
Nagoya Journal of Medical Science	Nagoya J. med. Sci.	1275

Nahrung (Chemie, Biochemie, Mikrobiologie, Technologie)	Nahrung	4103
National Academy of Sciences - National Research Council. Publication	Nat. Acad. Sci. - Nat. Res. Council, Publ.	2053
Natural Science Report of the Ochanomizu University	Natur. Sci. Rep. Ochanomizu Univ.	1928
Nature [London]	Nature [London]	2816
Naturwissenschaften - Mit Sonderteil: Mitteilungen der Gesellschaft Deutscher Naturforscher und Ärzte	Naturwissenschaften	2818
Naturwissenschaftliche Rundschau - Mit Beilage: Mitteilungen des Verbandes Deutscher Biologen E.V.	Naturwiss. Rdsch.	3783
Naučno-Techničeskie Problemy Gorenija i Vzryva	Naučno-techn. Probl. Gorenija Vzryva	434r
Naučnye Doklady Vysšej Školy. Biologičeskie Nauki	Nauč. Doklady vysšej Školy, biol. Nauki	361rb
Naunyn-Schmiedebergs Archiv für Experimentelle Pathologie und Pharmakologie - Ab Band 254, Nr. 1: Naunyn-Schmiedebergs Archiv für Pharmakologie und Experimentelle Pathologie	Naunyn-Schmiedebergs Arch. exp. Pathol. Pharmakol.	51
Naunyn-Schmiedebergs Archiv für Pharmakologie und Experimentelle Pathologie - Bis Band 253, Nr. 3: Naunyn-Schmiedebergs Archiv für Experimentelle Pathologie und Pharmakologie	Naunyn-Schmiedebergs Arch. Pharmakol. exp. Pathol.	51
Naval Engineers Journal	Naval Engr. J.	770
Nederlands Melk- en Zuiveltijdschrift	Nederl. Melk- en Zuiveltijdschr.	1766
Nederlands Tijdschrift voor Natuurkunde	Nederl. Tijdschr. Natuurkunde	507
Neftechimija	Neftechimija	400r
Neftepererabotka i Neftechimija	Neftepererabotka i Neftechim.	561rb
Neftjanaja i Gazovaja Promyšlennost'	Neftjanaja gazovaja Prom.	405r
Neftjanoe Chozjajstvo	Neftjanoe Choz.	19r
Nehézipari Müszaki Egyetem Idegennyelvü Közleményei. Bányászat. Kohászat. Gépészet (Mitteilungen der Technischen Universität für Schwerindustrie. Bergbau. Hüttenwesen. Maschinenbau. Fremdsprachige Ausgabe)	Nehézipari Müszaki Egyetem idegennyelvü Közleményei, Bányászat, Kohászat, Gépészet [Mitt. Techn. Univ. Schwerind., Bergbau, Hüttenwes., Maschinenbau]	5790a
Neoplasma [Bratislava]	Neoplasma [Bratislava]	2241
Netherlands Journal of Agricultural Science	Netherl. J. agric. Sci.	1796
Neue Hütte	Neue Hütte	3839a
Neue Physik [Wien]	Neue Physik [Wien]	5563
Neues Jahrbuch für Geologie und Paläontologie. Abhandlungen	Neues Jb. Geol. Paläontol., Abh.	279e

Neues Jahrbuch für Geologie und Paläontologie. Monatshefte	Neues Jb. Geol. Paläontol., Mh.	400b
Neues Jahrbuch für Mineralogie. Abhandlungen	Neues Jb. Mineralog., Abh.	279d
Neues Jahrbuch für Mineralogie. Monatshefte	Neues Jb. Mineralog., Mh.	400a
Neue Technik [Zürich].	Neue Techn. [Zürich],	4156
... A. Automatik und Industrielle Elektronik	A	a+b
... B. Kerntechnik	B	
New Istanbul Contribution to Clinical Science	New Istanbul Contr. clin. Sci.	1765
New Zealand Journal of Agricultural Research	New Zealand J. agric. Res.	2142
New Zealand Journal of Geology and Geophysics	New Zealand J. Geol. Geophysics	2141
New Zealand Journal of Science	New Zealand J. Sci.	2140
Nickel [Milano]	Nickel [Milano]	1914
Nickel-Berichte	Nickel-Ber.	464
Nippon Kinzoku Gakkai-Si (Journal of the Japan Institute of Metals)	Nippon Kinzoku Gakkai-Si [J. Japan Inst. Metals]	748
Növénytermelés (Pflanzenbau)	Növénytermelés [Pflanzenbau]	1980
Non-Aqueous Solvent Systems		2494
Nordisk Betong	Nordisk Betong	2083
Norges Geologiske Undersökelse	Norges geol. Unders.	1343
Norsk Skogindustri	Norsk Skogind.	3789
Nuclear Engineering and Design [Amsterdam] - Bis Band 2, Nr. 5 (1965): Nuclear Structural Engineering [Amsterdam]	Nuclear Engng. Design [Amsterdam]	2424
Nuclear Engineering Incorporating Nuclear Power	Nuclear Engng. incorp. nuclear Power	5450
Nuclear Fusion [Wien]	Nuclear Fusion [Wien]	2224
Nuclear Instruments and Methods [Amsterdam]	Nuclear Instruments Methods [Amsterdam]	2045
Nuclear-Medizin [Stuttgart]	Nuclear-Med. [Stuttgart]	5494
Nuclear Physics [Amsterdam]	Nuclear Physics [Amsterdam]	5448
Nuclear Science and Engineering	Nuclear Sci. Engng.	5451
Nuclear Structural Engineering [Amsterdam] - Ab Band 3, Nr. 1 (1966): Nuclear Engineering and Design [Amsterdam]	Nuclear structur. Engng. [Amsterdam]	2424
Nucleonics [New York]	Nucleonics [New York]	1591
Nukleonik [Berlin]	Nukleonik [Berlin]	5526
Nukleonika [Warszawa]	Nukleonika [Warszawa]	2082
Nuovi Annali d'Igiene e Microbiologia	Nuovi Ann. Igiene Microbiol.	1867
Nuovo Cimento.	Nuovo Cimento,	280
... A.	A	c+d
... B.	B	
Nutritio et Dieta [Basel]	Nutrit. et Dieta [Basel]	2210

Ochrona przed Korozją (Schutz vor Korrosion)	Ochrona przed Korozją	2549
Österreichische Chemiker-Zeitung	Österr. Chemiker-Ztg.	2820
Official Digest of the Federation of Societies for Technology - Ab Band 38, Nr. 492 (1966): Journal of Paint Technology	Off. Digest Federat. Soc. Paint Technol.	757
Officiel des Plastiques et du Caoutchouc	Off. Plast. Caoutchouc	4199
Ogneupory	Ogneupory	30r
Ohio Journal of Science	Ohio J. Sci.	593
Oléagineux	Oléagineux	108
Optica Acta [London]	Optica Acta [London]	1924
Optik	Optik	1506
Optika i Spektroskopija	Optika i Spektroskopija	333r
Organic Chemical Bulletin	Org. chem. Bull.	1710
Organic Reaction Mechanisms. International Symposium, Cork, Ireland, 1964		2578
Organic Syntheses	Org. Syntheses	462
Organometallic Chemistry Reviews [Amsterdam]		2546
Oxidation and Combustion Reviews [Amsterdam]		2570
Oxidation of Hydrocarbons in the Liquid Phase	Oxidat. Hydrocarbons liquid Phase	2463

Paint Manufacture	Paint Manufact.	3006
Paint Technology	Paint Technol.	2881
Paint and Varnish Production	Paint Varnish Product.	3280
Pakistan Journal of Biological and Agricultural Sciences	Pakistan J. biol. agric. Sci.	2276
Pakistan Journal of Sciences	Pakistan J. Sci.	2390
Pakistan Journal of Scientific and Industrial Research	Pakistan J. sci. ind. Res.	4122
Paliva (Brennstoffe)	Paliva	2838a
Paperi ja Puu - Papper och Trä (Paper and Timber)	Paperi ja Puu	2828
Paper Technology	Paper Technol.	1170
Papeterie - Mit Beilage: Association Technique de l'Industrie Papetière. Bulletin	Papeterie	2832
Papier, Das	Papier	3723
Papier, Carton et Cellulose [Paris]	Papier, Carton Cellulose [Paris]	3982
Papír a Celulosa (Papier und Zellulose)	Papír a Celulosa	4068

Papíripar és Magyar Grafika (Papierindustrie und Ungarische Graphik)	Papíripar Magyar Grafika [Papierind. ung. Graphik]	2145
Parfümerie und Kosmetik	Parfümerie u. Kosmet.	2684
Parfumerie, Cosmétique, Savons	Parfum., Cosmét., Savons	4067
Pathologia et Microbiologia [Basel]	Pathol. et Microbiol. [Basel]	1764
Patologičeskaja Fiziologija i Ėksperimental'naja Terapija	Patologičeskaja Fiziol. ėksper. Terapija	375r
Peintures, Pigments, Vernis	Peintures, Pigments, Vernis	533
Perfumery and Essential Oil Record	Perfum. essent. Oil Rec.	2844
Periodica Polytechnica [Budapest]. Chemisches Ingenieurwesen	Periodica polytechn. [Budapest], chem. Ingenieurwes.	2125a
Periodico di Mineralogia	Periodico Mineralog.	439
Petroleum [London]	Petroleum [London]	3683
Petroleum Times	Petroleum Times	2840
Petrol şi Gaze	Petrol şi Gaze	3926
Pflanzenschutzberichte [Wien]	Pflanzenschutzberichte [Wien]	1627
Pflanzenschutz-Nachrichten "Bayer"	Pflanzenschutz-Nachr. "Bayer"	1705
Pflügers Archiv für die Gesamte Physiologie des Menschen und der Tiere	Pflügers Arch. ges. Physiol. Menschen Tiere	50
Pharmaceutica Acta Helvetiae	Pharmac. Acta Helvetiae	329a
Pharmaceutisch Weekblad	Pharmac. Weekbl.	285
Pharmacological Reviews	Pharmacol. Rev.	206a
Pharmazeutische Industrie	Pharmaz. Ind.	3158
Pharmazeutische Praxis - Beilage zu: Pharmazie	Pharmaz. Prax.	3712c
Pharmazeutische Zeitung Vereinigt mit Apotheker-Zeitung - Mit Beiblatt: Studentisches Forum	Pharmaz. Ztg. verein. Apotheker-Ztg.	3705
Pharmazeutische Zentralhalle für Deutschland	Pharmaz. Zentralhalle Deutschland	287
Pharmazie - Mit Beilage: Pharmazeutische Praxis	Pharmazie	3712
Philippine Agriculturist	Philippine Agriculturist	547
Philippine Journal of Science	Philippine J. Sci.	288
Philips Research Reports	Philips Res. Rep.	1567
Philips Research Reports. Supplements	Philips Res. Rep., Suppl.	1567a
Philosophical Magazine - Mit Supplement: Advances in Physics	Philos. Mag.	289
Phosphorsäure	Phosphorsäure	282
Photochemistry and Photobiology	Photochem. and Photobiol.	4278
Photographic Science and Engineering	Photogr. Sci. Engng.	4237
Photographic Science. Symposium Torino 1963	Photogr. Sci., Sympos. Torino 1963	3830
Photographische Korrespondenz	Photogr. Korresp.	2847

Physica [Utrecht]	Physica [Utrecht]	291
Physical Review	Physic. Rev.	294
Physical Review Letters	Physic. Rev. Letters	294a
Physica Status Solidi [Berlin] - Mit Sonderteil: Short Notes	Physica Status solidi [Berlin]	5664
Physics [New York]	Physics [New York]	5880
Physics and Chemistry of the Earth	Physics Chem. Earth	2381
Physics and Chemistry of Glasses - Mit Sonderteil: Abstracts	Physics Chem. Glasses	237b
Physics of Fluids	Physics of Fluids	5750
Physics Letters [Amsterdam]	Physics Letters [Amsterdam]	4264
Physik der Kondensierten Materie	Physik kondens. Materie	2255
Physiologia Plantarum [Copenhagen]	Physiol. Plantarum [Copenhagen]	4106
Physiological Reviews	Physiol. Rev.	293
Physiological Zoölogy	Physiol. Zoöl.	563
Physique des Semiconducteurs. Comptes Rendus du 7e Congrès International, Paris 1964	Physique Semiconducteurs, C.R. 7e Congr. int., Paris 1964	5744
Phytochemistry	Phytochemistry	4272
Phytopathologische Zeitschrift	Phytopathol. Z.	606
Pitture e Vernici	Pitture e Vernici	3134
Planseeberichte für Pulvermetallurgie	Planseeber. Pulvermetal-lurgie	1775
Planta [Berlin]	Planta [Berlin]	526
Planta Medica [Stuttgart]	Planta med. [Stuttgart]	3189a
Plant and Cell Physiology [Tokyo]	Plant Cell Physiol. [Tokyo]	2314
Plant Pathology	Plant Pathol.	1952
Plant Physiology - Mit Supplement: Proceedings of the Plant Physiology Meetings	Plant Physiol.	552
Plant and Soil [The Hague]	Plant and Soil [The Hague]	2166
Plasma Physics-Accelerators-Thermo-nuclear Research	Plasma Physics-Accelera-tors-thermonuclear Res.	5501c
Plaste und Kautschuk - Mit den Fachteilen: 1) Anstrich-stoffe, 2) Plastverarbeitung und -Anwendung	Plaste u. Kautschuk	3973
Plastica [Delft]	Plastica [Delft]	1604
Plastičeskie Massy	Plastičeskie Massy	59r
Plastické Hmoty a Kaučuk (Plastische Massen und Kautschuk)	Plast. Hmoty Kaučuk	2326
Plastics	Plastics	3430
Plastics Institute. Transactions and Journal	Plast. Inst., Trans. and J.	947
Plastverarbeiter - Mit Sonderdruck: Kunststoffmarkt	Plastverarbeiter	3917
Plating	Plating	262
Počvovedenie	Počvovedenie	177r

Počvoznanie i Agrochimija	Počvoznanie i Agrochim.	450r
Polimery - Tworzywa Wielkocząsteczkowe (Polymere - Hochmolekulare Stoffe)	Polimery - Tworzywa wielkocząsteczkowe	4101
Polymer [London]. Chemistry, Physics and Technology of High Polymers	Polymer [London]	4163
Poona Agricultural College Magazine	Poona agric. Coll. Mag.	1172
Popular Photography	Popular Photogr.	3726
Poroškovaja Metallurgija	Poroškovaja Metallurg.	324r
Postępy Biochemii (Fortschritte der Biochemie)	Postępy Biochem.	2062
Postępy Fizyki (Fortschritte der Physik)	Postępy Fizyki	2081
Postępy Higieny i Medycyny Doświadczalnej (Fortschritte der Hygiene und Experimentellen Medizin)	Postępy Hig. Med. doświadczalnej	1485
Postępy Nauk Rolniczych (Fortschritte der Landwirtschaftlichen Wissenschaft)	Postępy Nauk rolniczych	1836
Potato Handbook	Potato Handb.	823a
Powder Metallurgy	Powder Metallurgy	4215
Poznańskie Towarzystwo Przyjaciół Nauk (Posener Gesellschaft der Freunde der Wissenschaft).	Poznańskie Towarzystwo Przyjaciół Nauk,	723 a, b, d
... Wydział Lekarski. Prace Komisji Medycyny Doświadczalnej (Ärztliche Abteilung. Arbeiten der Kommission für Experimentelle Medizin)	Wydział lekarski, Prace Komisji Med. doświadczalnej	
... Wydział Matematyczno-Przyrodniczy. Prace Komisji Matematyczno-Przyrodniczej (Mathematisch-Naturwissenschaftliche Abteilung. Arbeiten der Mathematisch-Naturwissenschaftlichen Kommission)	Wydział mat.-przyrodniczy, Prace Komisji mat.-przyrodniczej	
... Wydział Lekarski. Prace Komisji Farmaceuticznej (Ärztliche Abteilung. Arbeiten der Pharmazeutischen Kommission)	Wydział lekarski, Prace Komisji farmac.	
Prace Głównego Instytutu Górnictwa. Komunikat (Arbeiten des Hauptinstituts für Bergwesen. Mitteilung)	Prace Głównego Inst. Górnictwa, Komunikat	3888
Prace Instytutów Hutniczych (Arbeiten der Hütten-Institute)	Prace Inst. hutniczych	3996
Prace Instytutów u Laboratoriów Badawczych Przemysłu Spożywczego (Arbeiten der Institute und Versuchslaboratorien der Lebensmittelindustrie)	Prace Inst. Lab. badawczych Przemysłu spożywczego	4041
Prace Instytutu Odlewnictwa (Arbeiten des Instituts für Giessereiwesen)	Prace Inst. Odlewnictwa	2180
Prace Instytutu Mechaniki Precyzyjnej (Arbeiten des Instituts für Feinmechanik)	Prace Inst. Mechan. precyzyjnej	4015
Prace Instytutu Techniki Budowlanej. Seria I. Materiały Budowlane i ich Zastosowanie (Arbeiten des Instituts für Bautechnik. Serie I. Baumaterialien und deren Verwendung)	Prace Inst. Techn. budowlanej. Ser. I	2443

Prace Instytutu Włókiennictwa (Arbeiten des Textilinstituts)	Prace Inst. Włókiennictwa	2148
Práce Ústavu pro Výzkum Paliv (Arbeiten des Instituts für Brennstoffforschung)	Práce Ústavu Výzkum Paliv	2032
Präparative	Präparative	2425
Praktische Chemie [Wien] - Ab Band 17, Nr. 1 (1966): Allgemeine und Praktische Chemie [Wien]	Prakt. Chem. [Wien]	3853
Praktische Metallographie	Prakt. Metallogr.	2407
Praxis [Bern]	Praxis [Bern]	3719
Preparative Inorganic Reactions		2454
Problemy Ėndokrinologii i Gormonoterapii	Probl. Ėndokrinol. Gormonoterapii	319r
Problemy Gematologii i Perelivanija Krovi	Probl. Gematol. Perelivanija Krovi	373r
Proceedings of the American Power Conference	Proc. Amer. Power Conf.	5916
Proceedings of the American Society for Horticultural Science	Proc. Amer. Soc. horticult. Sci.	1213
Proceedings of the Annual Convention of the Milk Industry Foundation. ... Plant Section ... Laboratory Section ... Milk Supplies Section	Proc. annu. Convent. Milk Ind. Foundat., Plant Sect. Lab. Sect. Milk Supplies Sect.	1266 a-c
Proceedings of the Annual Meeting of the American Wood-Preservers' Association	Proc. annu. Meeting Amer. Wood-Preservers' Assoc.	1407
Proceedings of the Arkansas Water & Pollution Control Conference, and Short School	Proc. Arkansas Water Pollut. Control Conf.	3513
Proceedings of the British Ceramic Society		2528
Proceedings of the Second Conference on Dimensioning and Strength Calculations [Budapest]	Proc. second Conf. Dimensioning Strength Calculat. [Budapest]	5887
Proceedings of the Conference on the Silicate Industry, Budapest		2423
Proceedings of the European Society for the Study of Drug Toxicity [Amsterdam]	Proc. europ. Soc. Study Drug Toxicity [Amsterdam]	2430
Proceedings of the Illinois Mining Institute	Proc. Illinois Mining Inst.	942
Proceedings of the Indiana Academy of Science	Proc. Indiana Acad. Sci.	1019
Proceedings of the Indian Academy of Sciences. Sect. A	Proc. Indian Acad. Sci., Sect. A	587a
Proceedings of the International Symposium on Condensation and Evaporation of Solids, Dayton, Ohio, 1962	Proc. int. Sympos. Condensat. Evaporat. Solids, Dayton, Ohio, 1962	2561
Proceedings of the Japan Academy	Proc. Japan Acad.	300
Proceedings, Koninklijke Nederlandse Akademie van Wetenschappen. ... Series B: Physical Sciences ... Series C: Biological and Medical Sciences	Proc. Kon. nederl. Akad. Wetensch., Ser. B Ser. C	247 a+b

Proceedings of the Leeds Philosophical and Literary Society, Scientific Section	Proc. Leeds philos. lit. Soc., sci. Sect.	301
Proceedings of the National Academy of Sciences, India. ... Section A (Physical Sciences) ... Section B (Biological Sciences)	Proc. nat. Acad. Sci., India, Sect. A Sect. B	640 a+b
Proceedings of the National Academy of Sciences of the United States of America	Proc. nat. Acad. Sci. USA	302
Proceedings of the National Institute of Sciences of India. ... Part A. Physical Sciences ... Part B. Biological Sciences	Proc. nat. Inst. Sci. India, Part A Part B	785 a+b
Proceedings of the Physical Society	Proc. physic. Soc.	303
Proceedings of the Queensland Society of Sugar Cane Technologists. Conference (früher Annual Conference)	Proc. Queensland Soc. Sugar Cane Technologists, Conf.	1064
Proceedings of the Royal Institution of Great Britain	Proc. Roy. Instn. Great Britain	1184
Proceedings of the Royal Society of Edinburgh. Section A (Mathematical and Physical Sciences)	Proc. Roy. Soc. Edinburgh, Sect. A	306a
Proceedings of the Royal Society [London]. ... Series A: Mathematical and Physical Sciences ... Series B: Biological Sciences	Proc. Roy. Soc. [London], Ser. A Ser. B	304 a+b
Proceedings of the Scientific Section of the Toilet Goods Association	Proc. sci. Sect. Toilet Goods Assoc.	4251
Proceedings of the Society for Experimental Biology and Medicine	Proc. Soc. exp. Biol. Med.	407
Proceedings of the Soil Science Society of America	Proc. Soil Sci. Soc. America	3521
Proceedings of the South Dakota Academy of Science	Proc. South Dakota Acad. Sci.	978
Proceedings of the Symposium on Coordination Chemistry, Tihany, Hungary, 1964	Proc. Sympos. Coordinat. Chem., Tihany, Hung., 1964	2543
Proceedings of the Symposium on Liquids: Structure, Properties, Solid Interactions, General Motors Research Laboratories, Warren, Michigan, 1963	Proc. Sympos. Liquids: Structure, Properties, solid Interactions, General Motors Res. Lab., Warren, Mich., 1963	2531
Proceedings of the Texas Water and Sewage Works Short School	Proc. Texas Water Sewage Works Short School	1179
Proceedings of the United Nations International Conference on the Peaceful Uses of Atomic Energy, Geneva	Proc. U.N. int. Conf. peaceful Uses atomic Energy, Geneva	5386
Proceedings of the Washington State University Institute of Dairying	Proc. Washington State Univ. Inst. Dairying	3388
Produits et Problèmes Pharmaceutiques	Produits Problèmes pharmac.	1466
Progress in Astronautics and Aeronautics	Progr. Astronautics Aeronautics	2530
Progress in Biophysics and Molecular Biology		1858

Progress in Ceramic Science		2253
Progress in the Chemistry of Fats and Other Lipids	Progr. Chem. Fats other Lipids	2294
Progress in High Polymers		2469
Progress in Inorganic Chemistry		2453
Progress in Nucleic Acid Research		2587
Progress in Physical Organic Chemistry		2577
Progress in Reaction Kinetics		2506
Progress in Semiconductors		5952
Progress in Solid State Chemistry		2451
Progress of Theoretical Physics [Kyoto]	Progr. theoret. Physics [Kyoto]	1855
Protides of the Biological Fluids. Proceedings of the Twelfth Colloquium, Bruges, 1964	Protides biol. Fluids, Proc. twelfth Colloquium, Bruges, 1964	2554
Průmysl Potravin (Lebensmittelindustrie) - Mit Beilage: Základni Pochody Potravinárského Inzenýrstvi	Průmysl Potravin	3987
Przegląd Elektroniki (Elektronische Rundschau)	Przegląd Elektroniki	5678
Przegląd Górniczy (Bergbau-Rundschau) - Mit Beilage: Biuletyn Głównego Instytutu Górnictwa	Przegląd górniczy	3273
Przegląd Odlewnictwa (Giessereirundschau) - Mit Sonderteil: Biuletyn Informacyjny	Przegląd Odlewnictwa	4053
Przegląd Papierniczy (Papier-Rundschau) - Mit Beilage: Przegląd Dokumentacyjny Papiernictwa	Przegląd papierniczy	3951
Przegląd Skórzany (Leder-Rundschau) - Mit den Beilagen: 1) Biuletyn Centralnego Biura Wzornictwa Przemysłu Lekkiego, 2) Towaroznawstwo Surowych Skór Futerkowych	Przegląd skórzany	4032
Przemysł Chemiczny (Chemische Industrie)	Przemysł chem.	2843
Przemysł Fermentacyjny i Rolny (Industrie für Gärung und Landwirtschaft)	Przemysł Ferment. Rolny	1870
Przemysł Spożywczy (Lebensmittelindustrie)	Przemysł spożywczy	4040
Psychopharmacologia [Berlin]	Psychopharmacologia [Berlin]	4138
Publications of the Astronomical Society of Japan	Publ. astronom. Soc. Japan	1838
Publications of the Astronomical Society of the Pacific	Publ. astronom. Soc. Pacific	1837
Publications Scientifiques et Techniques du Ministère de l'Air	Publ. sci. techn. Ministère Air	3009
Public Health Engineering Abstracts	Publ. Health Engng. Abstr.	784
Pulp and Paper Magazine of Canada	Pulp Paper Mag. Canada	2855
Pulse Radiolysis. Proceedings of the International Symposium, Manchester 1965	Pulse Radiolysis, Proc. int. Sympos., Manchester 1965	2550

Pure and Applied Chemistry	Pure appl. Chem.	4188
Pyrethrum Post [Nakuru, Kenya]	Pyrethrum Post [Nakuru, Kenya]	1955
Quaderni dell'Ingegnere Chimico Italiano - Supplement zu: Chimica e Industria [Milano]	Quaderni Ingegnere Chim. ital.	2727a
Qualitas Plantarum et Materiae Vegetabiles [Den Haag]	Qualitas Plantarum Mater. vegetabilis [Den Haag]	2015
Quarterly Journal of Experimental Physiology and Cognate Medical Sciences	Quart. J. exp. Physiol. cognate med. Sci.	408
Quarterly Journal of Microscopical Science	Quart. J. microscop. Sci.	1816
Quarterly Journal of Studies on Alcohol	Quart. J. Stud. Alcohol	1639
Quarterly Reviews (Chemical Society, London)	Quart. Rev. (chem. Soc., London)	1661
Queensland Journal of Agricultural and Animal Science	Queensland J. agric. Animal Sci.	1011a
Química e Industria [Bilbao]	Quím. e Ind. [Bilbao]	4001
Radex-Rundschau	Radex-Rdsch.	3765
Radiation Botany	Radiat. Bot.	2288
Radiation Research	Radiat. Res.	1897
Radioactive Fallout, Soils, Plants, Foods, Man [Amsterdam]		2576
Radiobiologia, Radioterapia e Fisica Medica	Radiobiol. Radioterap. Fisica med.	1854
Radiobiologija	Radiobiologija	401r
Radiochimica Acta [Frankfurt/M.]	Radiochim. Acta [Frankfurt/M.]	4290
Radiochimičeskie Metody Opredelenija Mikroėlementov	Radiochim. Metody Opredelenija Mikroėlementov	437r
Radiochimija	Radiochimija	363r
Rassegna Chimica	Rass. chim.	4073
Rassegna di Clinica, Terapia e Scienze Affini - Mit Anhang: Atti e Memorie dell'Accademia di Storia dell'Arte Sanitaria	Rass. Clin., Terap. Sci. affini	313
Razvedka i Ochrana Nedr	Razv. Ochrana Nedr	81r
Recent Developments in the Chemistry of Natural Carbon Compounds [Budapest]	Recent Developments Chem. natur. Carbon Compounds [Budapest]	2505
Recent Progress in Hormone Research	Recent Progr. Hormone Res.	1735
Recent Progress in Surface Science		2579
Recherches	Recherches	3415

Record of Chemical Progress	Rec. chem. Progr.	2524
Recueil des Travaux Chimiques des Pays-Bas	Recueil Trav. chim. Pays-Bas	314
Regelungstechnische Praxis - Mit Sonderteil: Meß- und Regelmechaniker	Regelungstechn. Prax.	5229b
Relation Between the Structure and Mechanical Properties of Metals. Proceedings of the Conference, National Physical Laboratory, Teddington, Middlesex, 1963	Relat. Struct. mechan. Properties Metals, Proc. Conf., nat. physic. Lab., Teddington, Middlesex, 1963	2487
Rendiconti dell'Istituto Lombardo di Scienze e Lettere. A. Scienze Matematiche, Fisiche, Chimiche e Geologiche	Rend. Ist. lombardo Sci. Lettere, A, Sci. mat., fisiche, chim. geol.	420a
Rendiconti del Seminario della Facoltà di Scienze della Università di Cagliari	Rend. Seminario Fac. Sci. Univ. Cagliari	643
Rendiconto dell'Accademia delle Scienze Fisiche e Matematiche, Napoli	Rend. Accad. Sci. fisiche mat., Napoli	315
Report of the Food Research Institute [Tokyo]	Rep. Food Res. Inst. [Tokyo]	4182
Report of NRL Progress [Naval Research Laboratory]	Rep. NRL Progr.	4187
Reports of the Government Chemical Industrial Research Institute, Tokyo	Rep. Government chem. ind. Res. Inst., Tokyo	1703
Reports of the Government Industrial Research Institute, Nagoya	Rep. Government ind. Res. Inst., Nagoya	4256
Reports of the Hawaiian Sugar Technologists	Rep. Hawaiian Sugar Technologists	594
Reports of the Institute of Physical and Chemical Research (Rikagaku Kenkyusho Hokoku)	Rep. Inst. physic. chem. Res. [Rikagaku Kenkyusho Hokoku]	119
Reports of Liberal Arts and Science Faculty, Shizuoka University, Section Natural Science	Rep. liberal Arts Sci. Fac., Shizuoka Univ., Sect. natur. Sci.	2084
Reports on the Progress of Applied Chemistry		1600
Reports on Progress in Physics	Rep. Progr. Physics	827
Reports of the Resources Research Institute [Kawaguchi]. ... A. Coal and Coke Field ... D. Combustion & Heat Control Field	Rep. Resourc. Res. Inst. [Kawaguchi], A D	597 a, d
Report of the Taiwan Sugar Experiment Station	Rep. Taiwan Sugar Exp. Stat.	1335
Reprographie	Reprographie	5836
Reprographie. Bericht über den I. Internationalen Kongress für Reprographie, Köln 1963	Reprogr., Ber. I. int. Kongr. Reprogr., Köln 1963	2529
Republica Populară Romînă. Comitetul Geologic. Dări de Seamă ale Şedinţelor	Republ. Populară romînă, Comitetul geol., Dări Seamă Şedinţelor	1147d
Research Bulletin of the Panjab University	Res. Bull. Panjab Univ.	4113

Residue Reviews [Berlin]		2344
Review of Physical Chemistry of Japan	Rev. physic. Chem. Japan	1005
Review of Scientific Instruments	Rev. sci. Instruments	428
Reviews of Modern Physics	Rev. mod. Physics	236
Reviews of Pure and Applied Chemistry	Rev. pure appl. Chem.	816b
Review of Textile Progress	Rev. Textile Progr.	1637
Revista de Agroquímica y Tecnología de Alimentos	Rev. Agroquím. Tecnol. Alimentos	4258
Revista de la Asociación Bioquímica Argentina	Rev. Asoc. bioquím. argent.	712
Revista de Chimie [Bucureşti]	Rev. Chim. [Bucureşti]	3972
Revista de Ciencia Aplicada	Rev. Ci. apl.	3881
Revista Española de Fisiología - Mit Supplement: Proceedings of the Fifth Latin International Biochemical Meeting	Rev. españ. Fisiol.	4092
Revista da Faculdade de Ciências. Universidade de Lisboa. 2.ª Série. Secçao C: Ciências Naturais	Rev. Fac. Ci., Univ. Lisboa, 2.ª Sér., Secç. C	1957b
Revista da Faculdade de Farmácia e Bioquímica da Universidade de São Paulo	Rev. Fac. Farmác. Bioquím. Univ. São Paulo	2311
Revista Medicală [Tîrgu-Mureş, RPR] (Revue Médicale)	Rev. med. [Tîrgu-Mureş, RPR]	4137
Revista de Metalurgia [Madrid]	Rev. Metalurgia [Madrid]	2470
Revista Minelor (Zeitschrift für Bergbau)	Rev. Minelor	4024
Revista de Plásticos Modernos	Rev. Plásticos mod.	3851
Revista Portuguesa de Química	Rev. portuguesa Quím.	2328
Revista de la Real Academia de Ciencias Exactas, Fisicas y Naturales de Madrid	Rev. Real Acad. Ci. exact., fisic. natur. Madrid	2195
Revista de la Sociedad Química de México	Rev. Soc. quím. México	4201
Revue de l'Association Française des Techniciens du Pétrole - Bis 1965, Nr. 173: Bulletin de l'Association Française des Techniciens du Pétrole	Rev. Assoc. franç. Techniciens Pétrole	794
Revue Belge des Matières Plastiques - Belgisch Tijdschrift voor Kunststoffen	Rev. belge Matières plast.	2336
Revue Canadienne de Biologie	Rev. canad. Biol.	1866
Revue de Chimie Minérale	Rev. Chim. minérale	2449
Revue des Fermentations et des Industries Alimentaires	Rev. Fermentat. Ind. aliment.	11
Revue Française des Corps Gras	Rev. franç. Corps gras	2126
Revue Française d'Études Cliniques et Biologiques	Rev. franç. Études clin. biol.	4102
Revue Générale du Caoutchouc et des Plastiques	Rev. gén. Caoutchouc Plastiques	2871
Revue Générale de Thermique	Rev. gén. Thermique	2648

Revue des Hautes Températures et des Réfractaires	Rev. hautes Températ. Réfractaires	2309
Revue de l'Industrie Minérale	Rev. Ind. minérale	3130
Revue de l'Institut Français du Pétrole et Annales des Combustibles Liquides	Rev. Inst. franç. Pétrole Ann. Combustibles liquides	3759
Revue de Métallurgie	Rev. Métallurgie	2864
Revue du Nickel	Rev. du Nickel	3037
Revue d'Optique Théorique et Instrumentale	Rev. Opt. théor. instrument.	612
Revue Roumaine de Biochimie	Rev. roum. Biochim.	2418
Revue Roumaine de Chimie	Rev. roum. Chim.	1964
Revue Roumaine de Géologie, Géophysique et Géographie. Série de Géologie	Rev. roum. Géol., Géophysique Géogr., Sér. Géol.	2525
Revue Roumaine de Physiologie	Rev. roum. Physiol.	2589
Revue Roumaine de Physique	Rev. roum. Physique	2031
Revue Roumaine des Sciences Techniques. Série de Métallurgie	Rev. roum. Sci. techn., Sér. Métallurgie	2106
Revue Technique des Industries du Cuir - Mit Supplement: Bulletin de l'Association Française des Ingénieurs, Chimistes et Techniciens des Industries du Cuir de la Chaussure et Autres Industries Utilisatrices et Documents et Informations du Centre Technique du Cuir	Rev. techn. Ind. Cuir	2676
Revue Textile Tiba	Rev. Textile Tiba	3894
Revue Universelle des Mines, de la Métallurgie, de la Mécanique, des Travaux Publics, des Sciences et des Arts Appliqués à l'Industrie	Rev. univ. Mines, Métallurgie, Mécan., Trav. publ., Sci. Arts appl. Ind.	2874
Rheologica Acta (Ergänzungshefte zur Kolloid-Zeitschrift)	Rheol. Acta (Ergänzungsh. z. Kolloid-Z.)	2771a
Rhodesia Agricultural Journal	Rhodesia agric. J.	763
Ricerca Scientifica.	Ric. sci., Parte II,	325
... Parte II: Rendiconti. Sezione A. Abiologica	Sez. A	b_1, b_2
... Parte II: Rendiconti. Sezione B. Biologica	Sez. B	
Ricerche Spettroscopiche	Ric. spettroscop.	1308
Riechstoffe, Aromen, Körperpflegemittel	Riechstoffe, Aromen, Körperpflegemittel	3899
Rivista dei Combustibili	Riv. Combustibili	1917
Rivista Italiana Essenze, Profumi, Piante Officinali, Aromi, Saponi, Cosmetice, Aerosol - Bis Band 47, Nr. 12 (1965): Rivista Italiana Essenze, Profumi, Piante Officinali, Aromi, Saponi, Cosmetici	Riv. ital. Essenze, Profumi, Piante officin., Aromi, Saponi, Cosmet., Aerosol	2877
Rivista Italiana Essenze, Profumi, Piante Officinali, Aromi, Saponi, Cosmetici - Ab Band 48, Nr. 1 (1966): Rivista	Riv. ital. Essenze, Profumi, Piante officin., Aromi, Saponi, Cosmet.	2877

Italiana Essenze, Profumi, Piante Officinali, Aromi, Saponi, Cosmetice, Aerosol		
Rivista Italiana delle Sostanze Grasse	Riv. ital. Sostanze grasse	2743
Rivista di Parassitologia	Riv. Parassitol.	1926
Roczniki Chemii (Annales Societatis Chimicae Polonorum)	Roczniki Chem. [Ann. Soc. chim. Polonorum]	797
Roczniki Instytutu Przemysłu Mleczarskiego (Jahrbücher des Instituts der Molkereiindustrie)	Roczniki Inst. Przemysłu mleczarskiego	2167
Roczniki Nauk Rolniczych. Seria A. Roślinna (Jahrbücher der Landwirtschaftlichen Wissenschaften. Pflanzen)	Roczniki Nauk rolniczych, Ser. A	745a
Roczniki Państwowego Zakładu Higieny (Jahrbücher des Staatlichen Hygieneinstitutes)	Roczniki państwowego Zakładu Hig.	2124
Roczniki Technologii i Chemii Żywności (Jahrbücher der Lebensmittel-Chemie und -Technologie)	Roczniki Technol. Chem. Żywności	2160
Rostlinná Výroba (Pflanzenproduktion)	Rostlinná Výroba	327c
Royal Institute of Chemistry. Lecture Series	Roy. Inst. Chem., Lecture Ser.	1888
Rozpravy Československé Akademie Věd. Řada Matematických a Přírodních Věd (Abhandlungen der Tschechoslowakischen Akademie der Wissenschaften. Mathematisch-Naturwissenschaftliche Reihe)	Rozpravy Českoslov. Akad. Věd, Řada mat. přírodních Věd	2542
Rubber Age [New York]	Rubber Age [New York]	2879
Rubber Chemistry and Technology		326
Rubber and Plastics Age	Rubber Plastics Age	2878
Rubber World	Rubber Wld.	2741
Rudy (Erze) - Mit Sonderteil: Práce Výzkumných Ústavu	Rudy	3893b
Rudy i Metale Nieżelazne (Erze und Nichteisenmetalle)	Rudy Metale nieżelazne	2488

Sacharnaja Promyšlennost'	Sacharnaja Prom.	36r
Sborník Geologických Věd. Řada Technologie, Geochemie (Sammelschrift der Geologischen Wissenschaften. Reihe Technologie, Geochemie)	Sborník geol. Věd, Řada Technol., Geochem.	2305
Sborník Prací Výzkumného Ústavu Zvukové, Obrazové a Reprodukční Techniky (Mitteilungen des Forschungsinstituts für Ton und Bild)	Sborník Prací výzkumného Ústavu Zvukové, Obrazové reprodukční Techn.	2552
Sborník Vědeckých Prací. Vysoká Škola Chemicko-Technologická Pardubice (Scientific Papers. Institute of Chemical Technology Pardubice)	Sborník vědeckých Prací, Vysoká Škola chem.-technol. Pardubice	4111

Sborník Vědeckých Prác Vysokej Školy Technickej v Košiciach (Sammlung Wissenschaftlicher Arbeiten der Technischen Hochschule Kosice)	Sborník vědeckých Prác Vysokej Školy techn. v Košiciach	4240
Sborník Výskumných Prác z Odboru Celulózy a Papiera (Sammlung von Forschungsarbeiten aus dem Gebiete der Zellulose und des Papiers)	Sborník výskumných Prác Odboru Celulózy Papiera	4250
Sborník Vysokého Učení Technického v Brně (Bulletin of the Technical University of Brno)	Sborník vysokého Učení techn. Brně	586
Sborník Vysoké Školy Chemicko-Technologické v Praze (Scientific Paper from Institute of Chemical Technology, Prague).	Sborník Vysoké Školy chem.-technol. Praze,	2267 a-e
... Anorganická Technologie (Inorganic Technology)	anorg. Technol.	
... Potravinárská Technologie (Food Technology)	Potravinárská Technol.	
... Technologie Paliv (Technology of Fuel)	Technol. Paliv	
... Technologie Vody (Technology of Water)	Technol. Vody	
... Mineralogie (Mineralogy)	Mineralogie	
Scandinavian Journal of Clinical & Laboratory Investigation	Scand. J. clin. Lab. Invest.	1738
Scandinavian Journal of Clinical & Laboratory Investigation. Supplementum	Scand. J. clin. Lab. Invest., Suppl.	1738a
Schmiertechnik	Schmiertechnik	3945
School Science Review	School Sci. Rev.	1075
Schriftenreihe für Geschichte der Naturwissenschaften, Technik und Medizin	Schriftenr. Gesch. Naturwiss., Techn. Med.	4245
Schriftenreihe des Vereins für Wasser-, Boden- und Lufthygiene Berlin-Dahlem	Schriftenr. Ver. Wasser-, Boden- Lufthyg. Berlin-Dahlem	1666
Schweissen und Schneiden	Schweissen u. Schneiden	3803
Schweisstechnik [Berlin]	Schweisstechnik [Berlin]	2826
Schweisstechnik [Wien]	Schweisstechnik [Wien]	3957
Schweizer Aluminium Rundschau	Schweiz. Aluminium Rdsch.	3838
Schweizer Archiv für Angewandte Wissenschaft und Technik	Schweiz. Arch. angew. Wiss. Techn.	3128
Schweizerische Mineralogische und Petrographische Mitteilungen	Schweiz. mineralog. petrogr. Mitt.	340
Schweizerischer Verein von Gas- und Wasserfachmännern. Monatsbulletin	Schweiz. Ver. Gas- u. Wasserfachmännern, Monatsbull.	2808
Science [Washington]	Science [Washington]	2884
Science Bulletin of the Faculty of Agriculture, Kyushu University	Sci. Bull. Fac. Agric., Kyushu Univ.	962
Science and Culture [Calcutta]	Sci. and Cult. [Calcutta]	3162
Science et Industries Photographiques	Sci. Ind. photogr.	2886
Science Journal	Sci. J.	5872
Science Progress	Sci. Progr.	332

Science Reports. College of General Education, Osaka University	Sci. Rep., Coll. gen. Educat., Osaka Univ.	2265
Science Reports of the Research Institutes Tôhoku University. ... Series A (Physics, Chemistry and Metallurgy) ... Series C (Medicine). Reports of the Research Institute for Tuberculosis and Leprosy	Sci. Rep. Res. Inst. Tôhoku Univ., Ser. A Ser. C	1803 a, c
Science Reports of the Saitama University. Series A (Mathematics, Physics and Chemistry)	Sci. Rep. Saitama Univ., Ser. A	1763
Science Reports of the Tôhoku University. Series I: Physics, Chemistry, Astronomy Series III: Mineralogy, Petrology and Economic Geology Series IV: Biology	Sci. Rep. Tôhoku Univ., Ser. I Ser. III Ser. IV	333 a-c
Sciences et Techniques - Bis 1965, Band 118: Mémoires de la Société des Ingénieurs Civils de France	Sci. et Techn.	2592
Science Tools [Stockholm]	Sci. Tools [Stockholm]	3962
Scientia Pharmaceutica [Wien]	Sci. pharmac. [Wien]	3525b
Scientia Sinica	Sci. sinica	1769
Scientific Papers of the College of General Education. University of Tokyo	Sci. Pap. Coll. gen. Educat., Univ. Tokyo	1767
Scientific Papers of the Institute of Physical and Chemical Research [Tokyo]	Sci. Pap. Inst. physic. chem. Res. [Tokyo]	337
Scientific Proceedings of the Royal Dublin Society. Series A	Sci. Proc. Roy. Dublin Soc., Ser. A	338a
Scripta Medica Facultatis Medicae Universitatis Brunensis Purkynianae	Scripta med. Fac. Med. Univ. Brunensis Purkynianae	1863
Seifen-Öle-Fette-Wachse	Seifen-Öle-Fette-Wachse	2890
Seikagaku [Biochemie, Tokyo]	Seikagaku [Biochemie, Tokyo]	1835
SEITA [Service d'Exploitation Industrielle des Tabacs et des Allumettes]. Annales de la Direction des Etudes et de l'Equipement	SEITA, Ann. Direct. Etudes Equipement	2442
Selecta Chimica [São Paulo]	Selecta chim. [São Paulo]	2282
Sel'skochozjajstvennaja Biologija - Bis 1965, Nr. 6: Agrobiologija	Sel'skochoz. Biol.	248r
Seminar on Vegetable Tannins, Madras, India, 1962	Seminar Vegetable Tannins, Madras, India, 1962	2521
Sen-i Gakkaishi (Journal of the Society of Fiber Science and Technology, Japan)	Sen-i Gakkaishi [J. Soc. Fiber Sci. Technol., Japan]	128
Sheet Metal Industries Incorporating Press Tool Engineering	Sheet Metal Ind.	3096
Shirley Institute Memoirs	Shirley Inst. Mem.	2003

Shokubai [Catalyst, Tokyo]	Shokubai [Catalyst, Tokyo]	2480
Silicates Industriels	Silicates ind.	3104
Silikattechnik	Silikattechnik	3828
Silikáty [Praha]	Silikáty [Praha]	1935
Sintez Prirodnych Soedinenij, ich Analogov i Fragmentov	Sintez prirodnych Soedinenij, Analogov Fragmentov	14ra
Sitzungsberichte der Deutschen Akademie der Wissenschaften zu Berlin. ... Klasse für Mathematik, Physik und Technik	S.-B. dtsch. Akad. Wiss. Berlin, Kl. Math., Physik Techn.	2892 a, b, d, e
... Klasse für Chemie, Geologie und Biologie	Kl. Chem., Geol. Biol.	
... Klasse für Medizin	Kl. Med.	
... Klasse für Bergbau, Hüttenwesen und Montangeologie	Kl. Bergbau, Hüttenwes. Montangeol.	
Sitzungsberichte der Heidelberger Akademie der Wissenschaften. Mathematisch-Naturwissenschaftliche Klasse	S.-B. Heidelberger Akad. Wiss., math.-naturwiss. Kl.	343
Sitzungsberichte der Österreichischen Akademie der Wissenschaften. Mathematisch-Naturwissenschaftliche Klasse. Abt. II: Mathematik, Astronomie, Physik, Meteorologie und Technik	S.-B. österr. Akad. Wiss., math.-naturwiss. Kl., Abt. II	341a
Sitzungsberichte der Sächsischen Akademie der Wissenschaften zu Leipzig. Mathematisch-Naturwissenschaftliche Klasse	S.-B. sächs. Akad. Wiss. Leipzig, math.-naturwiss. Kl.	77b
Sitzungsberichte der Wissenschaftlichen Gesellschaft an der Johann Wolfgang Goethe-Universität Frankfurt/Main	S.-B. wiss. Ges. Johann Wolfgang Goethe-Univ. Frankfurt/M.	2569
Sklář a Keramik (Glas und Keramik)	Sklář a Keram.	3998
Slévárenství (Giessereiwesen) - Mit Sonderteil: Práce Československého Výzkumu Slévárenského	Slévárenství	4042
Soap, Perfumery and Cosmetics	Soap, Perfum. Cosmet.	3506
Societas Scientiarum Fennica. Commentationes Physico-Mathematicae	Soc. Sci. fenn., Comment. physico-math.	345
Societatis Scientiarum Lodziensis. Acta Chimica	Soc. Sci. Lodziensis, Acta chim.	2064
Society of Petroleum Engineers Journal	Soc. Petroleum Engr. J.	2341
Socker. Handlingar II	Socker, Handl. II	1761
Soil Science	Soil Sci.	346
Soil Science and Plant Nutrition [Tokyo]	Soil Sci. Plant Nutrit. [Tokyo]	1979
Solid State Communications - Supplement zu: Journal of Physics and Chemistry of Solids	Solid State Commun.	2131a
Soobščenija Akademii Nauk Gruzinskoj SSR	Soobšč. Akad. Nauk Gruz. SSR	312r
Soosaždenie i Adsorbcija Radioaktivnych Élementov	Soosaždenie Adsorbcija radioaktivnych Élementov	435r
Soudage et Techniques Connexes	Soudage Techn. connexes	3820

South African Industrial Chemist	South African ind. Chemist	3778
Sovetskaja Geologija	Sov. Geol.	98r
Sowjetische Beiträge zur Faserforschung und Textiltechnik in Deutscher Übersetzung	Sowjet. Beitr. Faserforsch. Textiltechn. dtsch. Übersetz.	368ra
Spectrochimica Acta [London]	Spectrochim. Acta [London]	68
SPE Journal [Society of Plastics Engineers]	SPE Journal	3958
Sperimentale	Sperimentale	981
Spisy Přírodovědecké Fakulty University J. E. Purkyně v Brně (Publications de la Faculté des Sciences de l'Université J. E. Purkyně Brno)	Spisy přírodovědecké Fak. Univ. J. E. Purkyně Brně	310
Spravočno-Informacionnaja Rabota v NII, KB i na Predprijatijach	Spravočno-Inform. Rabota NII, KB Predprijatijach	436r
Sprechsaal für Keramik, Glas, Email, Silikate - Mit Beilage: Angewandte Mess- und Regeltechnik	Sprechsaal Keram., Glas, Email, Silikate	2893
Srpska Akademija Nauka. Posebna Izdanja Odeljenja Prirodno-Matematičkich Nauka	Srpska Akad. Nauka, Posebna Izdanja Odeljenja prir.-mat. Nauka [Beograd]	366r
Städtehygiene	Städtehygiene	3882
Stärke	Stärke	3797
Stahl und Eisen - Mit Sonderteil: Aus Industrie und Wirtschaft	Stahl u. Eisen	2894
Stain Technology	Stain Technol.	548
Stal'	Stal'	115r
Stal in Deutsch	Stal in Dtsch.	115ra
Stationary Phase in Paper and Thin-Layer Chromatography. Proceedings of the 2nd Symposium, Liblice 1964 - 1. Symposium siehe unter: Thin-Layer Chromatography. Proceedings of the Symposium. Istituto Superiore di Sanità, Rome	Stationary Phase Paper Thin-Layer Chromatogr., Proc. 2nd Sympos., Liblice 1964	2486
Staub - Ab Band 26, Nr. 1 (1966): Staub - Reinhaltung der Luft	Staub	709
Staub - Reinhaltung der Luft - Bis Band 25, Nr. 12 (1965): Staub	Staub - Reinhalt. Luft	709
Stavivo (Baustoffe)	Stavivo	2887
Steklo i Keramika	Steklo i Keramika	61r
Steroids	Steroids	2535
Strahlentnerapie - Mit: Sonderbände zur Strahlentherapie	Strahlentherapie	348
Strassen- und Tiefbau - Mit Beilage: Licht und Farbe im Bauwesen	Strassen- u. Tiefbau	3727

Stroitelni Materialii Silikatna Promišlenost [Sofija]	Stroitelni Mater. silikatna Prom. [Sofija]	433r
Stroitel'nye Materialy	Stroitel'nye Mater.	313r
Structure Reports [Utrecht]	Struct. Rep. [Utrecht]	386b
Studia Societatis Scientiarum Torunensis. Sectio B (Chemia)	Studia Soc. sci. Torunensis, Sect. B	4150
Studia Universitatis Babeş-Bolyai [Cluj]. Series Chemia	Studia Univ. Babeş-Bolyai [Cluj], Ser. Chem.	2163
Studies in Conservation	Stud. in Conservat.	2365
Studii şi Cercetări de Agronomie [Cluj] (Études et Recherches d'Agronomie)	Studii Cercetări Agronom. [Cluj]	2089
Studii şi Cercetări de Biologie [Bucureşti] (Études et Recherches de Biologie). Seria Botanică	Studii Cercetări Biol. [Bucureşti], Ser. Bot.	1644d_2
Studii şi Cercetări de Chimie [Bucureşti] (Études et Recherches de Chimie)	Studii Cercetări Chim. [Bucureşti]	1938
Studii şi Cercetări de Fizică [Bucureşti] (Études et Recherches de Physique)	Studii Cercetări Fizică [Bucureşti]	2029
Studii şi Cercetări de Fiziologie [Bucureşti]	Studii Cercetări Fiziol. [Bucureşti]	2011
Studii şi Cercetări de Inframicrobiologie [Bucureşti] (Études et Recherches d'Inframicrobiologie)	Studii Cercetări Inframicrobiol. [Bucureşti]	2094
Studii şi Cercetări de Mecanică Aplicată [Bucureşti] (Études et Recherches de Mécanique Appliquée)	Studii Cercetări Mecan. apl. [Bucureşti]	2095
Studii şi Cercetări de Metalurgie [Bucureşti] (Études et Recherches de Métallurgie)	Studii Cercetări Metalurgie [Bucureşti]	2028
Subsidia Medica [Wien]	Subsidia med. [Wien]	1616
Süsswaren	Süsswaren	4048
Suiyokwai-Shi (Transactions of the Mining and Metallurgical Alumni Association)	Suiyokwai-Shi [Trans. Mining metallurg. Alumni Assoc.]	1114
Sul'firovanie Soljami Sernistoj Kisloty, Reakcii Bogdanova	Sul'firovanie Soljami Sernistoj Kisloty, Reakcii Bogdanova	449r
Suomen Kemistilehti (Finnische Chemiker-Zeitung)	Suomen Kemistilehti	2953
Suomen Maataloustieteellisen Seuran Julkaisuja (Acta Agralia Fennica)	Suomen maataloustieteellisen Seuran Julkaisuja [Acta agral. fenn.]	638a
Supplemento al Nuovo Cimento	Suppl. Nuovo Cimento	280a
Supplement of the Progress of Theoretical Physics [Kyoto]	Suppl. Progr. theoret. Physics [Kyoto]	1855a
Surface Chemistry. Proceedings of the Second Scandinavian Symposium on Surface Activity, Stockholm 1964	Surface Chem., Proc. second scand. Sympos. Surface Activity, Stockholm 1964	2513
Surface Science [Amsterdam]	Surface Sci. [Amsterdam]	2287
Svaročnoe Proizvodstvo	Svaročnoe Proizvod.	341r

Svensk Kemisk Tidskrift	Svensk kem. Tidskr.	350
Svensk Papperstidning	Svensk Papperstidn.	2898
Svetotechnika	Svetotechnika	138r
SVF Fachorgan für Textilveredlung [Schweizerische Vereinigung von Färbereifachleuten] - Ab 1966: Textilveredlung [Basel]	SVF Fachorg. Textilveredl.	1777
Symposia of the Society for Experimental Biology	Sympos. Soc. exp. Biol.	1731
Symposium (International) on Combustion	Sympos. (int.) Combust.	4255
Symposium on Electron Microscopy. Proceedings, Modena 1963	Sympos. Electron Microscopy, Proc., Modena 1963	2501
Symposium on Recent Advances in Mineral Tannages, Madras, India, 1964	Sympos. recent Advances mineral Tannages, Madras, India, 1964	2522
Szkło i Ceramika (Glas und Keramik) - Mit Beilagen: 1) Biuletyn Instytutu Wzornictwa Przemysłowego, 2) Biuletyn Instytutu Przemysłu Szkła i Ceramiki, 3) Przegląd Dokumentacyjny Wzornictwa Szkła i Ceramiki	Szkło i Ceram.	4094
Tabacco	Tabacco	1670
Tabak [SSSR]	Tabak [SSSR]	104r
Tappi [Technical Association of the Pulp and Paper Industry]	Tappi	3156
Talanta [London]. International Journal of Analytical Chemistry	Talanta [London]	4118
Tartuskij Gosudarstvennyj Universitet. Reakcionnaja Sposobnost' Organičeskich Soedinenij	Tartuskij gos. Univ., reakcionnaja Sposobnost' org. Soedinenij	414r
Tasmanian Journal of Agriculture	Tasmanian J. Agric.	1164
Technik - Mit Sonderteil: Stahlberatungsstelle der VVB Stahl- und Walzwerke. Mitteilung	Technik	3698
Technik der Lackisolation	Techn. Lackisolat.	2538
Techniques du Pétrole	Techn. du Pétrole	2959
Technische Mitteilungen Krupp. ... Forschungsberichte ... Werksberichte	Techn. Mitt. Krupp, Forsch.-Ber. Werksber.	2777 a+b
Technology [Sindri, India]	Technology [Sindri, India]	2389
Technology Reports of the Osaka University	Technol. Rep. Osaka Univ.	1724
Technology Reports of the Tôhoku University Sendai, Japan	Technol. Rep. Tôhoku Univ. Sendai, Japan	354
Tehnika [Beograd]	Tehnika [Beograd]	5537
Teintex	Teintex	3255
Tekstil'naja Promyšlennost'	Tekst. Prom.	89r

Tekstilna Promišlenost [Sofija]	Tekst. Prom. [Sofija]	408r
Tenside [München]. Zeitschrift für Physik, Chemie und Anwendung Grenzflächenaktiver Stoffe	Tenside [München]	2411
Teoretičeskaja i Ėksperimental'naja Chimija	Teoret. ėksper. Chim.	421r
Teplofizika Vysokich Temperatur	Teplofiz. vysokich Temperatur	411r
Tetrahedron [London]. International Journal of Organic Chemistry	Tetrahedron [London]	2070
Tetrahedron Letters [London]	Tetrahedron Letters [London]	2070a
Tetsu-to-Hagané (Journal of the Iron and Steel Institute of Japan)	Tetsu-to-Hagané [J. Iron Steel Inst. Japan]	3218
Tetsu-to-Hagané Overseas [Tokyo] - Ab Band 6, Nr. 1 (1966): Transactions of the Iron and Steel Institute of Japan	Tetsu-to-Hagané Overseas [Tokyo]	2322
Tex, De	De Tex	3758
Textil [Praha]	Textil [Praha]	4033
Textile Institute and Industry	Textile Inst. Ind.	240d
Textile Journal of Australia	Textile J. Australia	3856
Textile Manufacturer	Textile Manufacturer	3103
Textile Recorder	Textile Recorder	3026
Textile Research Journal	Textile Res. J.	1369
Textilis [Gent]	Textilis [Gent]	3968
Textil-Praxis	Textil-Praxis	3702
Textil-Rundschau [St. Gallen] - Ab 1966: Textilveredlung [Basel]	Textil-Rdsch. [St. Gallen]	3748
Textilveredlung [Basel] - Bis 1965: 1) SVF Fachorgan für Textilveredlung [Schweizerische Vereinigung von Färbereifachleuten] und 2) Textil-Rundschau [St. Gallen]	Textilveredlung [Basel]	2510
Theoretica Chimica Acta [Berlin]	Theoret. chim. Acta [Berlin]	4298
Therapia Hungarica	Therap. hung.	2412
Thérapie	Thérapie	1847
Thin-Layer Chromatography. Proceedings of the Symposium. Istituto Superiore di Sanità, Rome 1963 - 2. Symposium siehe unter: Stationary Phase in Paper and Thin-Layer Chromatography. Proceedings of the 2nd Symposium, Liblice	Thin-Layer Chromatogr., Proc. Sympos., Ist. superiore Sanità, Rome 1963	2486
Tidsskrift for Kjemi, Bergvesen og Metallurgi	Tidsskr. Kjemi, Bergves. Metallurgi	2905
Tidsskrift for Planteavl	Tidsskr. Planteavl	1395
Tierärztliche Umschau	Tierärztl. Umschau	3710
Tinctoria [Milano]	Tinctoria [Milano]	3434
Tobacco Science	Tobacco Sci.	4226
Tohoku Journal of Experimental Medicine	Tohoku J. exp. Med.	436

Tokyo Jikeikai Medical Journal	Tokyo Jikeikai med. J.	555
Tonindustrie-Zeitung und Keramische Rundschau	Tonind.-Ztg. keram. Rdsch.	2906
Torfjanaja Promyšlennost'	Torfjanaja Prom.	52r
Toxicology and Applied Pharmacology	Toxicol. appl. Pharmacol.	4097
Toxicon [Oxford]	Toxicon [Oxford]	2512
Transactions of the Bose Research Institute Calcutta	Trans. Bose Res. Inst. Calcutta	1365
Transactions of the British Ceramic Society - Mit Sonderteil: British Ceramic Abstracts	Trans. Brit. ceram. Soc.	359
Transactions of the Faraday Society	Trans. Faraday Soc.	360
Transactions of the Illinois State Academy of Science	Trans. Illinois State Acad. Sci.	1089
Transactions (Trudy) of the Institute of Electrochemistry	Trans. (Trudy) Inst. Electrochem.	2426
Transactions of the Institute of Metal Finishing Incorporating Electrodepositors' Technical Society	Trans. Inst. Metal Finishing	1101
Transactions of the Iron and Steel Institute of Japan - Bis Band 5, Nr. 4 (1965): Tetsu-to-Hagané Overseas [Tokyo]	Trans. Iron Steel Inst. Japan	2322
Transactions of the Japan Institute of Metals	Trans. Japan Inst. Metals	748c
Transactions of the Japan Society of Mechanical Engineers	Trans. Japan Soc. mechan. Engr.	3499
Transactions of the Kansas Academy of Science	Trans. Kansas Acad. Sci.	680
Transactions of the Metallurgical Society of AIME	Trans. metallurg. Soc. AIME	$352x_1$
Transactions of National Research Institute for Metals [Tokyo]	Trans. nat. Res. Inst. Metals [Tokyo]	2293
Transactions of the New York Academy of Sciences	Trans. New York Acad. Sci.	4119
Transactions of the Peninsula Horticultural Society	Trans. Peninsula horticult. Soc.	1208
Transactions and Proceedings of the Institution of the Rubber Industry	Trans. Proc. Instn. Rubber Ind.	363
Transactions of the Royal Society of Edinburgh	Trans. Roy. Soc. Edinburgh	3052
Transactions of the Society of Instrument Technology	Trans. Soc. Instrument Technol.	1782
Transactions of the Society of Mining Engineers	Trans. Soc. Mining Engr.	$352x_2$
Transactions of the Society of Rheology	Trans. Soc. Rheol.	2123
Transactions of the Tottori Society of Agricultural Science (Tottori Nôgaku-Kwaihô)	Trans. Tottori Soc. agric. Sci. [Tottori Nôgaku-Kwaihô]	1391
Transactions of the Wisconsin Academy of Sciences, Arts and Letters	Trans. Wisconsin Acad. Sci., Arts Letters	588

Travaux de la Société de Pharmacie de Montpellier	Trav. Soc. Pharmac. Montpellier	1579
Tribune du Cebedeau	Tribune du Cebedeau	4064
Tropical Agriculture	Trop. Agric.	3454
Tropical Agriculturist	Trop. Agriculturist	433
Tropical Science	Trop. Sci.	117a
Tschermaks Mineralogische und Petrographische Mitteilungen	Tschermaks mineralog. petrogr. Mitt.	386c
Tumori	Tumori	1252
Turun Yliopiston Julkaisuja (Annales Universitatis Turkuensis). Sarja A. I. Astronomica-Chemica-Physica-Mathematica	Turun Yliopiston Julkaisuja [Ann. Univ. Turkuensis], Sarja A. I	2227
Tydskrif vir Natuurwetenskappe [Pretoria]	Tydskr. Natuurwet. [Pretoria]	2169
Ugol'	Ugol'	168r
Uhlí (Kohle)	Uhlí	3893a
Ukrainskij Chimičeskij Žurnal	Ukrainskij chim. Ž.	31r
Ukraïns'kyj Biochimičnyj Žurnal	Ukraïns'kyj biochim. Ž.	102r
Ukraïns'kyj Botaničnyj Žurnal	Ukraïns'kyj botaničnyj Ž.	271r
Ukraïns'kyj Fizyčnyj Žurnal	Ukraïns'kyj fiz. Ž.	362r
Ultrasonics	Ultrasonics	2261
U. S. Department of Agriculture. Forest Service. Forest Products Laboratory. ... Research Note ... Research Paper	U. S. Dep. Agric., Forest Service, Forest Products Lab., Res. Note Res. Pap.	2400 a+b
United States Department of the Interior. Bureau of Mines. ... Bulletin ... Information Circular ... Report of Investigations	U. S. Dep. Interior, Bur. Mines, Bull. Inform. Circ. Rep. Invest.	442 a, c, g
United States Department of the Interior. Geological Survey. Bulletin Professional Paper	U. S. Dep. Interior, geol. Surv., Bull. profess. Pap.	1503 a+b
University of Colorado Studies. Series in Biology	Univ. Colorado Stud., Ser. Biol.	1023b
University of Kansas Science Bulletin	Univ. Kansas Sci. Bull.	1187
University of Puerto Rico. Agricultural Experiment Station. ... Bulletin ... Technical Paper	Univ. Puerto Rico, agric. Exp. Stat., Bull. techn. Pap.	1378 b, d
Uspechi Chimii	Usp. Chim.	65r
Uspechi Fizičeskich Nauk	Usp. fiz. Nauk	108r
Uspechi Sovremennoj Biologii	Usp. sovremennoj Biol.	136r
Uzbekskij Biologičeskij Žurnal	Uzbekskij biol. Ž.	339ra
Uzbekskij Chimičeskij Žurnal	Uzbekskij chim. Ž.	339re
Uzbekskij Geologičeskij Žurnal	Uzbekskij geol. Ž.	339rb

Vacuum [Oxford]	Vacuum [Oxford]	5333
Vakuum-Technik	Vakuum-Techn.	5268
Valtion Teknillinen Tutkimuslaitos. Julkaisu (State Institute for Technical Research. Publication)	Valtion tekn. Tutkimuslaitos, Julkaisu [State Inst. techn. Res., Publ.]	1840a
Valtion Teknillinen Tutkimuslaitos (State Institute for Technical Research).	Valtion tekn. Tutkimuslaitos [State Inst. techn. Res.],	1840 c–f
... Sarja I: Puu (Series I: Wood)	Sarja I [Ser. I]	
... Sarja II: Metalli (Series II: Metal and Electricity)	Sarja II [Ser. II]	
... Sarja III: Rakennus (Series III: Building)	Sarja III [Ser. III]	
... Sarja IV: Kemia (Series IV: Chemistry)	Sarja IV [Ser. IV]	
VDI-Zeitschrift	VDI-Z.	2923
VEB Carl Zeiss Jena Nachrichten	VEB Carl Zeiss Jena Nachr.	684
Verhandelingen van de Koninklijke Vlaamse Academie voor Wetenschappen, Letteren en Schone Kunsten van België. Klasse der Wetenschappen	Verh. Kon. vlaamse Acad. Wetensch., Letteren schone Kunsten België, Kl. Wetensch.	1434b
Verhandlungen der Deutschen Gesellschaft für Kreislaufforschung	Verh. dtsch. Ges. Kreislaufforsch.	1748
Verhandlungen der Deutschen Gesellschaft für Pathologie	Verh. dtsch. Ges. Pathol.	842a
Veröffentlichungen der Wissenschaftlichen Photo-Laboratorien Wolfen	Veröff. wiss. Photo-Lab. Wolfen	715
Verres et Réfractaires	Verres et Réfractaires	1852
Vestnik Akademii Nauk Kazachskoj SSR	Vestnik Akad. Nauk Kaz. SSR	284r
Vestnik Dermatologii i Venerologii	Vestnik Dermatol. Venerol.	120r
Vestnik Leningradskogo Universiteta.	Vestnik Leningradskogo Univ.,	309r a–d
... Serija Biologii	Ser. Biol.	
... Serija Geologii i Geografii	Ser. Geol. Geogr.	
... Serija Matematiki, Mechaniki i Astronomii	Ser. Mat., Mechan. Astronom.	
... Serija Fiziki i Chimii	Ser. Fiz. Chim.	
Vestnik Mašinostroenija	Vestnik Mašinostr.	225r
Vestnik Moskovskogo Universiteta.	Vestnik Moskovskogo Univ.,	282r b–e
... Serija II Chimija	Ser. II	
... Serija III Fizika, Astronomija	Ser. III	
... Serija IV Geologija	Ser. IV	
... Serija VI Biologija i Počvovedenie	Ser. VI	
Vestnik Sel'skochozjajstvennoj Nauki	Vestnik sel'skochoz. Nauki	374r
Věstnik Slovenskega Kemijskega Društva (Bulletin of the Slovene Chemical Society)	Věstnik sloven. kem. Društva	2171
Věstník Ústředního Ústavu Geologického (Anzeiger der Zentralen Geologischen Anstalt)	Věstník ústředního Ústavu geologického	437
Vetro e Silicati	Vetro e Silicati	2259
VFDB-Zeitschrift. Forschung und Technik im Brandschutz	VFDB-Z., Forsch. Techn. Brandschutz	2233

Vide, Le	Le Vide	5096
Vidya. Journal of Gujarat University	Vidya, J. Gujarat Univ.	2280
Vijnana Parishad Anusandhan Patrika [Research Journal of the Hindi Science Academy]	Vijnana Parishad Anusandhan Patrika [Res. J. Hindi Sci. Acad.]	2352
Vinodelie i Vinogradarstvo SSSR	Vinodelie Vinogradarstvo SSSR	228r
Virology	Virology	1940
Vitalstoffe - Zivilisationskrankheiten	Vitalstoffe - Zivilisationskrankh.	4197
Vitamins [Kyoto]	Vitamins [Kyoto]	1945
Vitis. Berichte über Rebenforschung	Vitis, Ber. Rebenforsch.	2092
Vodní Hospodářství (Wasserwirtschaft)	Vodní Hospodářství	5469
Vodosnabženie i Sanitarnaja Technika	Vodosnabž. san. Techn.	170r
Voeding	Voeding	1826
Voprosy Medicinskoj Chimii	Vopr. med. Chim.	323r
Voprosy Pitanija	Vopr. Pitanija	33r
Voprosy Virusologii	Vopr. Virusol.	369r
Vorträge der Konferenz für Tropikalisierung, Budapest 1965	Vortr. Konf. Tropikalisier., Budapest 1965	2519
Vysokomolekuljarnye Soedinenija	Vysokomolekuljarnye Soedinenija	368r

Wallerstein Laboratories Communications	Wallerstein Lab. Commun.	3490
Waseda Applied Chemical Society Bulletin	Waseda appl. chem. Soc. Bull.	903
Wasser, Vom	Wasser	1479
Wasser und Boden	Wasser u. Boden	3964
Wasser, Luft und Betrieb	Wasser, Luft Betr.	4139
Wasserwirtschaft-Wassertechnik	Wasserwirtsch.-Wassertechn.	5056
Water & Sewage Works - Mit Sonderheft: Reference and Data Number	Water Sewage Works	2813
Water and Wastes Engineering - Bis Band 2, Nr. 12 (1965): Water Works and Wastes Engineering	Water Wastes Engng.	2432
Water and Water Engineering	Water and Water Engng.	2913
Water Works and Wastes Engineering - Ab Band 3, Nr. 1 (1966): Water and Wastes Engineering	Water Works Wastes Engng.	2432
Wear [Amsterdam]	Wear [Amsterdam]	2137
Weinberg und Keller	Weinberg u. Keller	1834
Welding Engineer	Welding Engr.	2914
Welding Journal - Mit Supplement: Welding Research	Welding J.	3044
Welding and Metal Fabrication	Welding Metal Fabricat.	3420

Werkstatt und Betrieb	Werkstatt u. Betrieb	3073
Werkstoffe und Korrosion	Werkstoffe u. Korrosion	2776
Western Australia, Report of the Government Chemical Laboratories	Western Australia, Rep. Government chem. Lab.	3542
Wiadomości Chemicze (Chemische Nachrichten)	Wiadomości chem.	1810
Wiadomości Hutnicze (Hüttennachrichten)	Wiadomości Hutnicze	4069
Wissenschaftliche und Angewandte Fotografische Konferenz, Budapest	Wiss. angew. fotogr. Konf., Budapest	3830b
Wissenschaftlicher Verein für Maschinenbau. Emailindustrie-Werke. Vorträge der Konferenz für Emailtechnik, Kecskemét 1965	Wiss. Ver. Maschinenbau, Emailind.-Werke, Vortr. Konf. Emailtechn., Kecskemét 1965	5938
Wissenschaftliche Zeitschrift der Ernst Moritz Arndt-Universität Greifswald. Mathematisch-Naturwissenschaftliche Reihe	Wiss. Z. Ernst Moritz Arndt-Univ. Greifswald, Math.-naturwiss. R.	5443
Wissenschaftliche Zeitschrift der Friedrich-Schiller-Universität Jena/Thüringen. Mathematisch-Naturwissenschaftliche Reihe	Wiss. Z. Friedrich-Schiller-Univ. Jena/Thür., math.-naturwiss. R.	4036
Wissenschaftliche Zeitschrift der Hochschule für Architektur und Bauwesen Weimar	Wiss. Z. Hochschule Architektur Bauwes. Weimar	5382
Wissenschaftliche Zeitschrift der Humboldt-Universität zu Berlin. Mathematisch-Naturwissenschaftliche Reihe	Wiss. Z. Humboldt-Univ. Berlin, math.-naturwiss. R.	5459
Wissenschaftliche Zeitschrift der Karl-Marx-Universität Leipzig. Mathematisch-Naturwissenschaftliche Reihe	Wiss. Z. Karl-Marx-Univ. Leipzig, math.-naturwiss. R.	5600
Wissenschaftliche Zeitschrift der Martin-Luther-Universität Halle-Wittenberg. Mathematisch-Naturwissenschaftliche Reihe	Wiss. Z. Martin-Luther-Univ. Halle-Wittenberg, math.-naturwiss. R.	5442
Wissenschaftliche Zeitschrift der Pädagogischen Hochschule Potsdam. Mathematisch-Naturwissenschaftliche Reihe	Wiss. Z. Pädagog. Hochschule Potsdam, math.-naturwiss. R.	2481
Wissenschaftliche Zeitschrift der Technischen Hochschule für Chemie "Carl Schorlemmer" Leuna-Merseburg	Wiss. Z. Techn. Hochschule Chem. "Carl Schorlemmer" Leuna-Merseburg	4078
Wissenschaftliche Zeitschrift der Technischen Hochschule Ilmenau	Wiss. Z. Techn. Hochschule Ilmenau	5316
Wissenschaftliche Zeitschrift der Technischen Hochschule Otto von Guericke Magdeburg	Wiss. Z. Techn. Hochschule Otto von Guericke Magdeburg	5509
Wissenschaftliche Zeitschrift der Technischen Universität Dresden	Wiss. Z. Techn. Univ. Dresden	5406
Wissenschaftliche Zeitschrift der Universität Rostock. Mathematisch-Naturwissenschaftliche Reihe	Wiss. Z. Univ. Rostock, math.-naturwiss. R.	5481
Wochenblatt für Papierfabrikation - Mit Beilage: Zellstoff-Faser	Wbl. Papierfabrikat.	2920
World Mining	Wld. Mining	3605
Wyższa Szkoła Ekonomiczna w Poznaniu. Zeszyty Naukowe - Seria I (Ökonomische Hochschule in Poznań. Wissenschaftliche Hefte - Serie I)	Wyższa Szkoła ekonom. Poznaniu, Zeszyty naukowe - Ser. I	2457

Yearbook of the American Iron and Steel Institute	Yearbook Amer. Iron Steel Inst.	1012
Yukagaku (Journal of Japan Oil Chemists' Society)	Yukagaku [J. Japan Oil Chemists' Soc.]	2475
Zapiski Vsesojuznogo Mineralogičeskogo Obščestva	Zap. vses. mineralog. Obšč.	73r
Zaščita Metallov	Zaščita Metallov	432r
Zaščita Rastenij - Bis Band 10, Nr. 12 (1965): Zaščita Rastenij ot Vreditelej i Boleznej	Zaščita Rast.	370r
Zaščita Rastenij ot Vreditelej i Boleznej - Ab Band 11, Nr. 1 (1966): Zaščita Rastenij	Zaščita Rast. Vreditelej Boleznej	370r
Zavodskaja Laboratorija	Zav. Labor.	83r
Zeiss-Mitteilungen über Fortschritte der Technischen Optik [Stuttgart]	Zeiss-Mitt. [Stuttgart]	4096
Zeitschrift für Acker- und Pflanzenbau	Z. Acker- u. Pflanzenbau	189
Zeitschrift für Allgemeine Mikrobiologie, Morphologie, Physiologie und Ökologie der Mikroorganismen	Z. allg. Mikrobiol., Morphol., Ökol. Mikroorganismen	4224
Zeitschrift für Alternsforschung	Z. Alternsforsch.	1284
Zeitschrift für Analytische Chemie	Z. analyt. Chem.	375
Zeitschrift für Angewandte Mathematik und Physik [Basel]	Z. angew. Math. Physik [Basel]	1626
Zeitschrift für Angewandte Physik	Z. angew. Physik	3735
Zeitschrift für Anorganische und Allgemeine Chemie	Z. anorg. allg. Chem.	377
Zeitschrift für Astrophysik	Z. Astrophysik	618
Zeitschrift für Biologie	Z. Biol.	378
Zeitschrift für Chemie	Z. Chem.	2220
Zeitschrift der Deutschen Geologischen Gesellschaft	Z. dtsch. geol. Ges.	372
Zeitschrift für Ernährungswissenschaft	Z. Ernährungswiss.	2229
Zeitschrift für Ernährungswissenschaft. Supplementum	Z. Ernährungswiss., Suppl.	2229a
Zeitschrift für Erzbergbau und Metallhüttenwesen	Z. Erzbergbau Metallhüttenwes.	2797
Zeitschrift für die Gesamte Experimentelle Medizin - Ab Band 140, Nr. 1 (1966): Zeitschrift für die Gesamte Experimentelle Medizin einschließlich Experimentelle Chirurgie	Z. ges. exp. Med.	381
Zeitschrift für die Gesamte Experimentelle Medizin einschließlich Experimentelle Chirurgie - Bis Band 139, Nr. 8 (1965): Zeitschrift für die Gesamte Experimentelle Medizin	Z. ges. exp. Med. einschl. exp. Chirurgie	381
Zeitschrift für die Gesamte Hygiene und ihre Grenzgebiete	Z. ges. Hyg. Grenzgebiete	2532

Zeitschrift für die Gesamte Innere Medizin und ihre Grenzgebiete - Mit Sonderteil: Tagungen	Z. ges. inn. Med. Grenzgebiete	3697
Zeitschrift für die Gesamte Textilindustrie	Z. ges. Textilind.	2930
Zeitschrift für Hygiene und Infektionskrankheiten - Ab Band 152, Nr. 1 (1966): Zeitschrift für Medizinische Mikrobiologie und Immunologie	Z. Hyg. Infektionskrankh.	382
Zeitschrift für Instrumentenkunde - Mit Beilage: Forschungen zur Geschichte der Optik	Z. Instrumentenkunde	2936
Zeitschrift für Klinische Chemie	Z. klin. Chem.	2252
Zeitschrift für Krebsforschung	Z. Krebsforsch.	385
Zeitschrift für Kristallographie, Kristallgeometrie, Kristallphysik, Kristallchemie	Z. Kristallogr., Kristallgeometr., Kristallphysik, Kristallchem.	386a
Zeitschrift für Lebensmittel-Untersuchung und -Forschung - Mit Beilage: Gesetze und Verordnungen sowie Gerichtsentscheidungen betr. Lebensmittel	Z. Lebensmittel-Unters. u. -Forsch.	394
Zeitschrift für Medizinische Mikrobiologie und Immunologie - Bis Band 151, Nr. 4 (1965): Zeitschrift für Hygiene und Infektionskrankheiten	Z. med. Mikrobiol. Immunol.	382
Zeitschrift für Metallkunde	Z. Metallkunde	2938
Zeitschrift für Naturforschung	Z. Naturforsch.	1493 a+b
Zeitschrift für Pflanzenernährung, Düngung, Bodenkunde	Z. Pflanzenernähr., Düng., Bodenkunde	388
Zeitschrift für Pflanzenkrankheiten (Pflanzenpathologie) und Pflanzenschutz	Z. Pflanzenkrankh. (Pflanzenpathol.) Pflanzenschutz	389
Zeitschrift für Pflanzenphysiologie	Z. Pflanzenphysiol.	1165
Zeitschrift für Physik	Z. Physik	390
Zeitschrift für Physikalische Chemie [Frankfurt/M.]	Z. physik. Chem. [Frankfurt/M.]	1856
Zeitschrift für Physikalische Chemie [Leipzig]	Z. physik. Chem. [Leipzig]	392
Zeitschrift für Schweisstechnik [Zürich]	Z. Schweisstechn. [Zürich]	3228
Zeitschrift für Tierphysiologie, Tierernährung und Futtermittelkunde	Z. Tierphysiol., Tierernähr. Futtermittelkunde	253
Zeitschrift für Vererbungslehre	Z. Vererb.-Lehre	2509
Zeitschrift für Vergleichende Physiologie	Z. vergleich. Physiol.	1577
Zeitschrift für Vitamin-, Hormon- und Fermentforschung [Wien]	Z. Vitamin-, Hormon- u. Fermentforsch. [Wien]	1580
Zeitschrift für Wissenschaftliche Mikroskopie und für Mikroskopische Technik	Z. wiss. Mikroskop. mikroskop. Techn.	395

Zeitschrift für Wissenschaftliche Photographie, Photophysik und Photochemie	Z. wiss. Photogr., Photophysik Photochem.	396
Zeitschrift für die Zuckerindustrie	Z. Zuckerind.	2689
Zellstoff und Papier	Zellstoff u. Papier	4054
Zement-Kalk-Gips	Zement-Kalk-Gips	2942
Zentralblatt für Bakteriologie, Parasitenkunde, Infektionskrankheiten und Hygiene. ... I. Abteilung. Originale ... II. Abteilung	Zbl. Bakteriol., Parasitenkunde, Infektionskrankh. Hyg., I. Abt., Orig. II. Abt.	398 a, c
Zeszyty Naukowe Akademii Górniczo-Hutniczej [Kraków] (Wissenschaftliche Hefte der Berg- und Hüttenakademie). ... Metalurgia i Odlewnictwo (Metallurgie und Giessereiwesen) ... Rozprawy (Abhandlungen)	Zeszyty naukowe Akad. górniczo-hutniczej [Kraków], Metalurgia Odlewnictwo Rozprawy	2151 d, e
Zeszyty Naukowe Politechniki Gdańskiej. Chemia (Wissenschaftliche Hefte der Technischen Hochschule Gdańsk. Chemie)	Zeszyty naukowe Politechn. Gdańskiej, Chem.	5623c
Zeszyty Naukowe Politechniki Łódzkiej (Wissenschaftliche Hefte der Technischen Hochschule Łódź). ... Chemia (Chemie) ... Chemia Spożywcza (Lebensmittelchemie) ... Włokiennictwo (Textilwesen)	Zeszyty naukowe Politechn. Łódzkiej, Chem. Chem. spożywcza Włokiennictwo	2018 a, b, e
Zeszyty Naukowe Politechniki Śląskiej (Wissenschaftliche Hefte der Schlesischen Technischen Hochschule). ... Chemia (Chemie) ... Energetyka (Energetik) ... Inżynieria Sanitarna (Sanitätsingenieurwesen)	Zeszyty naukowe Politechn. Śląskiej, Chem. Energet. Inżynieria sanit.	4141 a, e, g
Zeszyty Naukowe Politechniki Szczecińskiej. Budownictwo (Wissenschaftliche Hefte Technischen Hochschule Szczecin. Bauwesen	Zeszyty naukowe Politechn. Szczecińskiej, Budownictwo	4292c
Zeszyty Naukowe Szkoły Głównej Gospodarstwa Wiejskiego w Warszawie. Leśnictwo (Wissenschaftliche Hefte der Landwirtschaftlichen Hochschule Warschau. Forstwesen)	Zeszyty naukowe Szkoły głównej Gospodarstwa wiejskiego Warszawie, Leśnictwo	2183a
Zeszyty Naukowe Uniwersytetu Jagiellońskiego. Prace Chemiczne (Universitas Jagellonica Cracoviensis Acta Scientiarum Litterarumque. Schedae Chimicae)	Zeszyty naukowe Uniw. jagiellońskiego, Prace chem.	4100a
Zeszyty Naukowe Uniwersytetu Łódzkiego. Seria II. Nauki Matematyczno Przyrodnicze (Wissenschaftliche Hefte der Universität Łódź. Serie II. Mathematik und Naturwissenschaften)	Zeszyty naukowe Uniw. Łódzkiego, Ser. II	2143
Zeszyty Naukowe Wyższej Szkoły Pedagogicznej w Gdańsku. Matematyka, Fizyka, Chemia (Wissenschaftliche Hefte der Höheren Pädagogischen Lehranstalt Gdańsk. Mathematik, Physik, Chemie)	Zeszyty naukowe Wyższej Szkoły pedagog. w Gdańsku, Mat., Fizyka, Chem.	2272

Bibliographien

Belgien	Bibliographie de Belgique - Belgische Bibliographie	B 3
Bulgarien	Bălgarski Knigopis - Bulgarisches Bücherverzeichnis	B 5r
ČSSR	Nové Knihy (Neue Bücher)	B 19
	Bulletin. Wissenschaft und Buch [Praha]	B 20
Dänemark	Danske Bogmarked	B 4
Deutschland	Deutsche Bibliographie. Wöchentliches Verzeichnis. Ausgabe II [Frankfurt/Main]	B 2
	Deutsche Nationalbibliographie. Reihe A: Neuerscheinungen des Buchhandels [Leipzig]	B 1
Frankreich	Bibliographie de la France	B 6
Griechenland	Greek Bibliography [Athen]	B 22
Großbritannien	British National Bibliography	B 15
Italien	Bibliografia Nazionale Italiana	B 8
Niederlande	Nieuwsblad voor de Boekhandel	B 7
Österreich	Österreichische Bibliographie	B 16
Polen	Polish Academy of Sciences. Quarterly Review of Scientific Publications	B 24
Rumänien	Bibliografia Republicii Populare Romîne. Cărţi, Albume, Hărţi, Note Muzicale	B 26
Schweiz	Schweizer Buch. Serie A	B 10
	Schweizer Buch. Serie B	B 18
Ungarn	Magyar Nemzeti Bibliográfia (Bibliographia Hungarica) - Mit Sammelbänden: Magyar Könyvészet	B 25
USA	Publishers' Weekly	B 12
UdSSR	Knižnaja Letopis'	B 1r
	Novye Knigi [SSSR] - Ab Mai 1966: Knižnoe obozrenie	B 2r

Patentblätter

ČSSR	Vynálezy (Erfindungen)
Deutschland	Neuerer, Der Patentblatt
Frankreich	Bulletin Officiel de la Propriété Industrielle. Section C: Chimie et Métallurgie Bulletin Officiel de la Propriété Industrielle. Section D: Textiles et Papier
Großbritannien	Official Journal (Patents)
Österreich	Österreichisches Patentblatt
Portugal	Diário do Governo
Schweiz	Schweizerisches Patent- und Muster und Modellblatt (Feuille Suisse des Brevets et des Dessins et Modèles - Foglio Svizzero dei Brevetti e dei Disegni e Modelli)
Ungarn	Szabadalmi Közlöny és Védjegyértesítö (Patentblatt und Warenzeichenanzeiger)
USA	Official Gazette of the United States Patent Office
UdSSR	Bjulleten' Izobretenij i Towarnych Znakow

FSC
www.fsc.org
MIX
Papier | Fördert gute Waldnutzung
FSC® C083411

Kolibri 360 GmbH
Ferdinand-Jühlke-Straße 7
99095 Erfurt, Deutschland
produktsicherheit@kolibri360.de